JN073552

ミリタリーユニフォーム・バイブル

MILITARY UNIFORM
Bible

軍装の世界

THE ILLUSTRATED GUIDE BOOK OF MILITARY UNIFORMS

イカロス出版

軍装品の一つ一つが、物言わぬ歴史の証人です。

この『ミリタリーユニフォーム・バイブル』も3巻目となりました。連載の頃からの読者様も、このムックを初めて手にとっていただいた読者様も、ありがとうございます。

今回は『MC☆あくしず』連載の「MonMon」から、Vol.39（2015年冬号）以降に掲載した戦争映画のキャラクターの軍装を紹介する「スクリーンの中の軍装」と、『ミリタリーユニフォーム・バイブル』1・2巻に掲載できなかったドイツ空軍やソビエト陸軍など史実に基づいた軍装紹介記事をまとめたものです。

今回収録された記事の中でも特に思い入れがあるのは、日本陸軍のページです。

僕の軍装品コレクションの「最初の一歩」は、日本軍アイテムでした。初めて手にしたレプリカは、前巻の前書きでも触れた「記念館三笠の売店で父に買ってもらった艦内帽」。初めて小遣いで買った実物軍装品は、浅草の古道具屋の軒先に吊るされていた程度の良い九八式軍衣。昭和十三年製、本廠検定、一号。自宅までの帰りの電車賃が少しだけ足りず、店主にまけてもらった記憶があります。

僕は父方の祖父を知りません。北支戦線と南方戦線に従軍し無事引き揚げてきたものの、僕の産まれる1か月前に他界しました。僕がミリタリーに興味を持ち始めた頃、父に「祖父の軍歴について何か聞いていないか」と尋ねたことがありましたが、祖父からは軍隊時代の話を聞いていない、とのこと。いえ、一度だけ、父がまだ幼かった頃に祖父から「軍隊の時の話をしてやろうか」と言われたのですが、当時興味がなかった父はそれを断ってしまい、「今にして思えば、何か伝えたかったんじゃないかな」と後悔していました。

その話がきっかけになったのか、父は唐突にあちこちの親戚に電話をかけ、祖父の軍隊にまつわる話を聞いていないか尋ねまわりました。結局、部隊名や出征地の具体的な名称は親戚の口からは出なかったものの、色々なエピソードを伯母たちから聞くことが出来ました。祖父が終戦後も中々帰ってこなかった事、妻である祖母は今でも自宅の裏にある屋敷稲荷に参り、毎日夫の無事を祈願し続けた事、祖父の出征時はまだ幼すぎて父親の顔を覚えていなかった娘（父の姉）が、ある日突然自宅の庭に現れた「知らない兵隊のおじさん」に驚き、怖くて家の納戸に逃げ込んだ事、家族揃っての食事の時も、伯母は恥ずかしくて暫くは父親の顔を見られなかった事…

戦場での勇ましい活躍の話は一切聞けませんでしたが、それでも祖父はかつて軍人で、戦地に出征していったのだという事を改めて強く認識することが出来ました。

近頃の若い人たちの中には、かつて日本とアメリカが大戦争をしたことも知らない人もいるそうで。そんな彼らに我々ミリタリーマニアは眉をひそめながらも、やはり頭のどこかで、「第二次世界大戦」、さらに「戦

コイツ

著者遠影：「IWOJIMA+60」戦闘再現イベント（2005年米国テキサス州）にて

争」そのものを我々とは無縁の世界で起こった出来事、映画の延長線上に感じ、「○○戦線で戦った第△△師団は〜」などと、頭でっかちに年表と地図を上から見下ろすばかりで、今ここにいる僕たちと祖父たちの時代は繋がっているということを、ともすれば忘れてしまいそうになります。

祖父について尋ねた時、祖母は納屋からいつも農作業に使っていたカーキ色の敷布を出してくれました。畑での収穫物を天日干しするため、いつも何気なく庭に広げられていたのを見てきた布の裏の片隅には、「金子軍曹」と小さく墨書きされていました。色落ちし穴が開き、縁の金属環が全て失われたボロ布

── 陸軍の携帯天幕のなれの果てでしたが、それは彼らと僕らの歴史は地続きなのだ、という至極当たり前のことを、今更ながら、強烈に、再認識させてくれました。僕にとってはどんな歴史書にも勝るとも劣らない、物言わぬ歴史の証人です。

戦火を潜り抜けてきた軍装品一つ一つ、その全てに「どこかの知らない誰か」のエピソードが詰まっているはずです。それらに思いを馳せるのも、大きな意義があると思います。

金子賢一

この本が気分転換の一助になれば幸いです。

今回も手にとっていただき、ありがとうございます。おかげさまで第3巻まで出すことができました。

今現在、世の中はまるでフィクションのような災害で大変なことになっているさなかですが、みなさん生活や体調にお変わりありませんか？ なにやら生活が息苦しく感じることも多くなってきていますから、この本が気分転換の一助になれば幸いです。

大藤のほうはと言うと、もともと絵を描く生活をしていると外に出ないのであまり大きな変化はないのですが、ここ数年で愛犬のアーチャーもフランカもポメラニアン星に帰ってしまったので、ますます外に出ない生活になってしまっています（笑）

アニメ関係の仕事も、企画段階の顔合わせや会議を除いてテレワークが増えてきました。変化を嫌うアニメ業界ですらこれを機に少しゆっくりとしたサイクルに変化しようとしているように見受けられるので、様々な仕事が変化していく時期なのかもしれませんね。

さてさて、この本についてですが、当初は特殊部隊的なものだけをまとめたかたちでお送りできればと考えていたのですが、これがなかなか都合の良い題材となる映像作品はそう多くは見当たらないもので、い

つもの感じに落ち着きました（笑） その代わりと言っては何ですが、今回はずいぶんとページが増えています。ざっくり既刊と比べて約1.5倍くらいに増量しているはずですので、のんびりお楽しみください。ではでは。

おおふじ
れいいちろう

CONTENTS

スクリーンの中の軍装

MILITARY UNIFORM

第一章

ここからは、第一次&第二次大戦を舞台にした作品から、グリンベレーやネイビーシールズといった特殊部隊が活躍する現代ものまで、様々な戦争映画やアクション映画に登場するキャラクターの軍装を解説します。

1917年4月の西部戦線を忠実に再現

「スクリーンの中の軍装」のトップを飾るのは、第一次大戦の西部戦線を舞台に、イギリス陸軍の一人の伝令の知られざる活躍を描いた作品『1917 命をかけた伝令』。タイトルのうち「1917」は西暦1917年、すなわち第一次大戦の只中であることを意味する。

本作に原作は存在しないが、戦時中の伝令をテーマにしたストーリー自体は、サム・メンデス監督の祖父であるアルフレッド・メンデスの体験談が基になっている。アルフレッド翁は1897年生まれで、イギリス陸軍王立ライフル旅団第1大隊の兵士として第一次大戦に出征。塹壕内を動きまわりやすい小柄な体格と俊足を買われて伝令役をたびたび任された。サム・メンデス監督は、幼少の頃に祖父から聞かされたこの伝令の話を基に、本作のプロットを練り上げていった。こうした経緯から、本作の脚本の執筆はメンデス監督自らが手がけている（※1）。

また、1917年4月時点の西部戦線をできる限り忠実に再現するため、本作の美術スタッフはイギリスの帝国戦争博物館（Imperial War Museum）の全面協力を得て当時の西部戦線について徹底的に研究し、セットや衣装を準備した。なかでも圧巻なのは、英国ウィルトシャーのソールズベリー平原に築かれた全長約2kmにわたる塹壕のセットで、劇中前半のシーンの多くがこの塹壕のセット内で撮影されている。迷路をたどるような塹壕内のシーンは、本作の大きな見所のひとつだ。

本作の撮影でもうひとつ特筆すべき点は、全編にわたって“ワンカット風”の絵づくりが貫かれていること。複数の長回しのカット（尺は長いもので10分以上）をカメラワークで巧妙につなぎ、編集の跡が残らないようにキレイに並べて1本の映画にしている。

この撮影手法はとくにリアルタイム感と没入感を増幅させる効果があり、本作のセールスポイントとして劇場公開時の宣伝でさかんに謳われた。技術的にも革新的かつ極めてレベルが高いもので、その証として、本作は第92回アカデミー賞の撮影賞、視覚効果賞、録音賞の三冠を獲得している。

英陸軍の伝令の視点で進む物語

前記したとおり、本作の舞台は第一次大戦の西部戦線、物語は主人公であるイギリス陸軍上等兵（※2）スコフィールドの視点で進んでいく。まずはあらすじを紹介しよう。

1917年4月6日、フランス北部のある前線で、イギリス海外派遣軍（BEF）のブレイク上等兵とスコフィールド上等兵が塹壕内の指揮所から呼び出しを受けた。指揮所に出頭した二人は、エリンモア将軍から重要な伝令役を命じられる。将軍のその命令を夜明けまでに14km先の新しい前線にいるデヴォンシャー連隊第2大隊に伝達しないと、同大隊はドイツ軍の反撃によって壊滅的な損害を被ることになるというのだ。第2大隊にはブレイクの兄もいる。

意を決した二人は友軍部隊を救うため、塹壕を出て、どこに敵が残るかも分からない危険な戦場を進んで行く——

● Mark 1 スチールヘルメット
1915年9月に英国陸軍に採用されたヘルメット。初期のものは「戦争省型ヘルメット」もしくは考案者 J. L. ブロディの名を取って「ブロディ・ヘルメット」などと呼ばれる。一枚の厚い鋼板をプレスして成型された「幅広のつばを備えた被りの浅い皿形」という独特の形状となっているが、これは塹壕において上方から降り注ぐ榴散弾の小弾から着用者の頭部・肩部を保護することを主目的としているためだ。1916年6月には、つばの外周に強度向上のためのリムの追加やライナー（内張り）の改良が施されたものが「Mark 1スチールヘルメット」として採用されている。なお、欧州に展開したアメリカ陸軍もこのヘルメットの有用性に着目し、「M1917スチールヘルメット」として採用している。

● レザージャーキン
英国陸軍独自の防寒着のひとつで、重くかさばるウール製防寒コートに代わって1916年後半から前線で広く普及した。着丈の長いシンプルな革製の襟無しベストで、通常勤務服の上、野戦用装具の下に着用するのが一般的。前合わせは四つの革クルミボタンで閉鎖され、内側はウールサージ生地で裏打ちされている。
シンプルなデザインからあくまで戦時急造の簡易アイテムのような印象があるが、肩まわりの動きの邪魔にならず、ある程度の防護性・防雨性も備えていたことから英国兵お気に入りのアイテムの一つとなっており、素材や閉鎖方式などに改良を加えられながらなんと1990年代まで生産・配備が続けられるという息の長いアイテムとなった。

● 1908年型ウェブ・イクイップメント
旧来の1888年型や1903年型（※）といった革製装備類を更新する目的で採用された個人用野戦携行装具。軍装史上初の、コットン製のウェブ（硬く丈夫に織り出した布ベルト／生地）を主素材とした装具となっており、ベルトとブレイシーズ（サスペンダー）を主幹に、小銃弾薬パウチや水筒、銃剣吊りなどを組み合わせて着装する。その組み合わせは大別して行軍時の「マーチングオーダー」と戦闘時の「バトルオーダー」があるが、スコフィールドは後者を基本に、戦争中盤以降必携となった対毒ガス装備を追加して携行している。「カートリッジキャリア」と呼ばれる小銃弾薬パウチは、左右で一組となっており、SMLE小銃用の弾薬を片側五つの小ポケットに75発、左右合計で150発分収納できる。イントレンチング（塹壕掘り）ツールは個人用の組み立て式小型スコップ。金属製のヘッド部は腰背面のキャリアに収納、木製の柄はホルダーを介して銃剣鞘（さや）の横に取り付け携行する。
※ここでの「190＊年型」という訳語は、原語では“190＊ Pattern”と表記される。

※1　厳密には脚本の共同執筆者の一人で、もう一人の執筆者はクリスティ・ウィルソン＝ケアンズ（Blu-ray/DVD版のメイキングに登場する美人のお姉さん）。
※2　主人公たちの階級の和訳については、イラストの説明文を参照。

① SBR(吸入管式ガスマスク)用ケース
② 1908年型ハバーサック(背嚢)
③ メスキット(食器セット)
④ PHヘルメット(簡易ガスマスク)用パウチ
⑤ Mark 1スチールヘルメット
⑥ ロール状に巻いたケープ
⑦ 1907年型銃剣
⑧ 1908年型銃剣吊り具

●対毒ガス装備
　第一次大戦の開戦後、各国は膠着(こうちゃく)する塹壕戦の切り札として催涙ガスを含む毒ガスの開発・配備を急いだが　他国に先んじて実戦に投入したのはドイツ軍であった。それに対応するため、英国陸軍はいくつかの対毒ガス装備を開発し、前線の兵士に配備している。
　最初期のガスマスクの一つであるPHヘルメットは、実体は毒ガス成分を中和させる溶液を染み込ませた簡単な頭巾で、塩素ガスやホスゲンガスなどに有効とされていた。後述するSBRの登場以降は二線級の装備となった。
　SBR(Small Box Respirator)は、1916年後半に登場した本格的なガスマスクで、面体とチューブで接続されるSmall Box—フィルター入り吸入缶から構成される。SBRはコットン製ケースに収納され、ストラップを使用して脇の下、もしくはスコフィールドのように背中のハバーサックに重ねて背負い、ストラップを装備用ベルトの正面に通して固定し携行された。

●SMLE小銃／1907年型銃剣
　第一次大戦当時の英国陸軍兵士の標準的小銃で、「SMLE」は"Short Magazine Lee-Enfield"の略。1895年に採用された「MLE」小銃の短縮型で、内蔵式の弾倉にクリップ(挿弾子)を使用して英連邦軍の標準小銃弾薬である.303ブリティッシュ弾(7.7×56mmR)を10発装填できた。劇中のスコフィールドたちが携行しているのは「SMLE MkⅢ」と呼ばれる1907年型採用品。初期型のMkⅠおよびMkⅡから各部に改良が施されている。銃剣は1907年採用のもの。小銃が「MLE」から「SMLE」となり全長が13cm短縮されたため、銃剣格闘時に不利になると考えた軍により43cmもの長大な刀身を備えることとなった。

SMLE小銃の銃身の下に装着される1907年型銃剣とその鞘
写真／International
Military Antiques

⑨ 1908年型イントレンチング(塹壕)ツールキャリア
⑩ 1908年型イントレンチングツール用柄
⑪ レザージャーキン
⑫ 1902年型サービスドレス・トラウザーズ
⑬ プティーズ(ウール製巻き脚絆)
⑭ 1908年型装備用ベルト
⑮ 1908年型カートリッジ(小銃弾薬)キャリア(右／左)
⑯ SBR用ケースのストラップ
⑰ 1902年型サービスドレス・ジャケット(※ジャーキンの下に着用)
⑱ SMLE MarkⅢ小銃

イギリス陸軍第18(東部)師団第55旅団
イーストサリー連隊第8大隊(戦時編成)
ウィリアム・スコフィールド上等兵(L/Cpl.)

史実によると、この時期の西部戦線のドイツ軍は「ジークフリート線」(※3)と称する要塞線を建設していた。これは幾つかの突出部が生じた前線を整理するためで、連合軍をジークフリート線に誘引するべく戦略的撤退を行っている。

デヴォンシャー連隊第2大隊が10km以上も前線を押し上げることができたのはこれが理由で、ドイツ軍側は周到に反撃の準備を進めていたのだ。大隊が不用意に攻勢をかければ、手痛いしっぺ返しを食うことは明らかだった。航空偵察によりその事を知ったエリンモア将軍が、ブレイク&スコフィールドの二人に託したのは、「攻撃を中止せよ」という命令書である。

なお、当時はすでに電話という連絡手段もあったが、劇中では野戦用の電話回線が切断されているという設定で、これは決して珍しいことではなかった。

軍装から分かる主人公の所属部隊

次に、伝令役である二人に目を向けてみよう。塹壕を出てからの道中で交わされる二人の会話から、スコフィールドがソンムの激戦(1916年7月～11月)を経験していること、位は不明だが勲章をもらっていること、ブレイクの方が軍歴が短いことなどが分かる。

そして軍装からも、様々なことが読みとれる。出発時のスコフィールドの軍装スタイリングのあらましは次のとおり。

●ウィリアム・スコフィールド上等兵のスタイリング(出発時)

第一次大戦後半のイギリス陸軍歩兵の見本ともいうべきスタイリングで、ニットのセーターの上に1902年型通常勤務服のジャケットを着用し、その上に革製のベスト(レザージャーキン)を羽織っている。トラウザーズはジャケットと揃いで、膝から下に脛やふくらはぎを保護するための脚絆を巻いている。頭に被っているのは鍔の長い皿形のMark 1スチールヘルメット。

革製ベストの上に身につけているのは、1908年型の個人用野戦携行装具。これは小銃弾薬パウチや銃剣吊り、背嚢、水筒、ガスマスクケース、塹壕掘り用のスコップなどをベルトとサスペンダーに吊ってまとめて携行できるものだ。

武装は口径7.7mmの弾薬を使用するボルトアクション・ライフルのSMLE Mk Ⅲで、「リー・エンフィールド」(※4)という俗称でも知られる。

なお、共に行動するブレイクが身につけている個人用野戦携行装具は1914年型である。これは第一次大戦の開戦により生産数に不足が生じた1908年型を補うために臨時採用されたもので、1908年型がコットン製なのに対し、茶色の天然皮革製となっている。

1914年型は本来はイギリス本国での訓練部隊での使用に留め、欧州戦線(フランス)へ派遣される際は正規の1908年型に置き換える予定であったが、実際にはブレイクのように1914年型のまま前線に赴いた兵士も多かった。

ネタバレになるので詳しくは書かないが、劇中の半ばで、ブレイクは突然のアクシデント(って言っていいよね?)に見舞われて息を引き取る。残されたスコフィールドは戦友の死に直面してしばし茫然自失となるものの、その場にやって来た友軍のスミス大尉の気遣いもあり復活。与えられた任務を果たし、さらにはブレイクの兄に弟の遺言を伝えるため、再び歩き出す。

その後、スコフィールドはドイツ軍の残兵に追われて川に飛び込み、流された末にヘルメット、ライフル、革製ベスト、個人用野戦携行装具一式を失ってしまうのだが、そのおかげで1902年型通常勤務服に付いている徽章類がよく見えるようになる。

そのうちの一つが、ジャケットの肩章の端に付いた「E. SURREY」の文字が象られた真鍮製のショルダー・タイトル章。これによってスコフィールドの所属部隊がイーストサリー連隊だということが読み解ける。同連隊は史実においてもソンムの戦いと1917年中の西部戦線の主要な戦いに参加しており、またその展開地から(そしてブレイクの『アラスの便所は臭かったよな』という科白から)、本作の舞台となっている地域がフランス北部のアラス周辺だということが分かるのだ。

ちなみに、ブレイク&スコフィールドの移動ルートの経由地としてたびたび名前が出てくるエクースト、クロワジルという地名も実在し、アラスの南東12～15km程の位置にある。

すべての装備を失い、まさに身一つとなったスコ

※3 英仏連合軍側では「ヒンデンブルク線」と呼称していた。
※4 設計者のジェームス・パリス・リー(James Paris Lee)と王立小火器工廠のある地名エンフィールド(Enfield)に由来する。

フィールドは、ボロボロになりながらもデヴォンシャー連隊第2大隊のいる新前線の塹壕へ向かう。果たして彼は伝令の任務をまっとうし、ブレイクの兄に会うことができるのか？　未見の読者は、ぜひご自分の目で確かめていただきたい。

ウィリアム・スコフィールド上等兵(L/Cpl.)（劇中後半のスタイリング）

① 1902年型サービスドレス・ジャケット
② 「イーストサリー連隊」ショルダー・タイトル章
③ 非公式部隊識別章（バトルパッチ）
④ 上等兵(L/Cpl.)階級章
⑤ 戦傷章

●1902年型サービスドレス・ジャケット／トラウザーズ

1902年に英国陸軍に採用された下士官／兵ユニフォーム。式典時などを除く通常勤務時および野戦時に着用される。ジャケットと揃いのトラウザーズは共に茶色のウールサージ製で、ジャケットは胸の前を五つのボタン、首元を二つの金属製フックで閉鎖する折り立ち襟型。両胸にボタン留め式フラップ付きの貼り付けポケット、両腰にボタン留め式フラップ付きの切れ込みポケットが備わっており、その他、右身頃内側の裾にはファーストフィールドドレッシング（救急包帯パック）用のポケットが備わっている。

両肩のエポレット（肩章）は、身につけた装具のストラップを通して滑り止めとする他、所属連隊名などをあしらった布製や真鍮製のショルダー・タイトル章の台座としても使用された。両脇の下の真鍮製フックは装備用ベルトを着装時の保持用。また両肩のエポレットから胸ポケットの上端にかけて、小銃射撃時や重量物運搬などにおける摩耗から軍衣を保護する共生地の補強布が縫い付けられている。

トラウザーズは股上の深いスラックス型で、ベルトループ等は備わっておらずブレイシーズをトラウザーズ上端に備わった六つのボタンに連結して着用する。

●徽章類

ジャケットの肩章上に取り付けているのは真鍮製のショルダー・タイトル章。イーストサリー連隊を意味する「E. SURREY」の文字が逆アーチ状にレリーフされている。上腕部のえんじ色の長方形パッチは「バトルパッチ」と呼ばれる非公式識別章。部隊章としては所属する師団や旅団を示す「フォーメーションサイン」と呼ばれるものが制定されている一方、バトルパッチは最前線における小部隊（大隊～中隊～小隊レベル）の識別のために軍の認可を得ず独自に部隊ごとに取り決められていた。劇中で「えんじ色の長方形」が何を意味するのかは語られていないが、スクリーンに登場する同パッチを着用した兵士の人数から、恐らく中隊レベルの識別を目的にしたものだろう。

その下の「Ｖ」字型パッチは「Lance Corporal」を示す階級章。作中では吹き替え、字幕とも「上等兵」と訳されているが、この階級は英国陸軍では「下士官の最下級」であるため、強いて和訳するならば「下級伍長」「伍長補」などとするのが適切だろう(※)。

左袖先の細い縦長の徽章は「戦傷章」。組み紐を模した真鍮製の徽章で、負傷するごとに数を増やして着用できる。「ソンムの激戦の生き残り」でもあるスコフィールドがベテラン兵士であることを暗に示すアイテムの一つだ。

※一般に「伍長」と訳される"Corporal"の下に位置付けられる"Lance Corporal"は、英国陸軍では下士官の最下級だが米国海兵隊では兵クラスの最上級とされる。また、フランス陸軍では"Caporal"およびその上位の"Caporal-chef"までが兵クラスとされるなど、軍によってその位置付けは異なっている。

イーストサリー連隊の真鍮製ショルダー・タイトル章
写真／Cultman Collectables

●IDディスク

スコフィールドが戦死したブレイクの遺体から取り外し、彼の兄に渡すべく持っていくのが一般に「ドッグタグ」として知られる「IDディスク」だ。八角形のものと円形のもの、2枚が1セットとなっており、それぞれに同じ内容（着用者の氏名、階級、認識番号、宗教）が刻印されている。硬く固めたアスベスト繊維製であるため、劇中でスコフィールドがしていたように首に掛けたヒモから引き千切って即座に取り外すことができる。外した円形のものは戦死者記録として戦友が回収し、八角形のものはそのまま遺体に残される。このことから英国陸軍ではIDディスクの事を俗に「コールドミート・チケット」と呼んでいる。コールドミートは冷えた肉、つまり遺体のことだ。

第一次大戦中の英国陸軍のIDディスク
写真／www.militariazone

9

『フライボーイズ』／『レッドバロン』

(原題:Flyboys／2006年・米)／(原題:Der rote Baron／2008年・独)

新天地を求めて渡仏した
アメリカ人飛行士たちの物語

　ここで取り上げる二つの映画は、いずれも第一次世界大戦の航空戦と、その戦いに身を投じた飛行士たちを主題としている。

　『フライボーイズ』はフランス軍航空隊の戦闘機隊のメンバーたち、『レッド・バロン』はドイツ帝国軍航空隊のエースパイロットを主人公に据えた作品で、どちらも実在の人物をモデルとしている。ちょうど同じ戦場を敵・味方双方の視点から描いたライバル映画対決と言えるだろう。

　まずは『フライボーイズ』から紹介しよう。この映画、舞台はフランス軍航空隊なのだが主人公たちはアメリカ人なのだ。

　1916年、フランスのヴェルダンでアメリカ人志願兵による義勇飛行隊、通称「ラファイエット戦闘機隊」が編成された。当時のアメリカは中立の立場を取っており、アメリカ人がドイツとの戦いに赴くには義勇兵としてフランス軍に入隊するしか方法がなかったのだ。

　元カウボーイのローリングス、戦場で手柄を挙げ父親を見返したいロウリー、本国で犯罪を犯し偽名で渡仏したビーグルス、差別のない新天地を求める元黒人ボクサー スキナーなど、様々な理由を抱えつつも大空に憧れる若者たちが集結する。

　彼らはフランス人指揮官セノール大尉やベテランのエースパイロット、キャシディ少尉の下で、戦闘機パイロットとしての訓練を開始。戦友の死や様々な困難を乗り越えて航空戦を戦い抜く。

　この映画自体はフィクションだが、「ラファイエット戦闘機隊」はフランス軍に実在した部隊だ。また、登場するキャラクターやエピソードは実在したアメリカ人パイロットのそれを基に作られている。

　主人公ローリングスは「アリゾナのバルーンバスター」(※1)の異名で知られ、アメリカ軍パイロットとして初めてメダル・オブ・オナー(議会名誉勲章)を授与されたフランク・ルーク中尉(撃墜数18)が

モデル。だが実はルーク中尉はラファイエット戦闘機隊のメンバーではなく、大戦後半に参戦したアメリカ陸軍航空隊のパイロットだ。

　南部生まれの元カウボーイであることや無断出撃の常習犯であったことなどが、エピソードとしてローリングスのキャラクターに盛り込まれている。終戦後、除隊してテキサスに戻ったローリングスと異なり、ルーク中尉はドイツ軍支配地域に不時着。ドイツ兵の捕虜になることを拒否してピストルで応戦し、戦死している。

　ベテランパイロットのキャシディ少尉は、米仏ハーフのラウル・ラフベリーがモデル。ラフベリーは戦前から飛行機整備士として働き、開戦後パイロットとしてフランス軍に志願。ラファイエット戦闘機隊を代表するエースパイロットとなった。

　部隊唯一の黒人パイロットであるユージン・スキナーのモデルは、ユージン・ブラード。ブラードはアメリカ人の元プロボクサーで、フランス滞在中に開戦を迎えそのままフランス軍に志願。当初は航空機の銃手として、1917年には史上初の黒人パイロットとして戦闘に参加した。実在した人物をモデルとしたキャラクターの中では最も史実に近い経歴となっている。戦後はパリで働き、第二次大戦にはフランス軍歩兵として従軍。劇中で描かれたような郵便飛行機のパイロットにはならなかったが、二つの大戦を生き抜き、1961年まで存命した。

　ジャン・レノ演じる戦闘機隊指揮官セノール大尉は、名前も含め実在の人物。アメリカから渡ってきた若者たちの父親役となり、幾人ものエースパイロットを育てた。

　その他のメンバーも何かしらの元ネタが存在するキャラクターとなっている。人物だけでなく、キャ

※1　ここでいうバルーンとは観測気球や阻塞気球のこと。阻塞気球は飛行機による低空からの攻撃を困難にするために繋留された気球で、第一次大戦ではこれらの気球の撃墜も撃墜戦果として数えられた。

シディ少尉のペットであるライオンは、ラファイエット戦闘機隊のマスコットであった「ウイスキー」と「ソーダ」という2頭の雌ライオンを元ネタとしている。

ラファイエット戦闘機隊
メンバーの軍装スタイリング

　劇中、ローリングスらラファイエット戦闘機隊隊員が着用しているのは1915年に制定されたウール製勤務服。その明るい色合いから「ホライゾン・ブルー」ユニフォームと呼ばれる。1897年に制定された濃紺色の「アイアン・ブルー」ユニフォームを更新するものであった。

フランス共和国陸軍航空隊
ラファイエット戦闘機隊
ブレイン・ローリングス伍長

航空隊襟章

翼と☆が金糸で刺繍された航空隊襟章（右襟のもの）
写真／albindenis.free.fr

1916年型「ホライゾン・ブルー」勤務服

茶革製ハーフコート（私物）

サム・ブラウン・ベルト

Caporal(伍長)階級章

　イラストは『フライボーイズ』主人公のアメリカ人義勇兵ローリングスの軍装スタイル。「ホライゾン・ブルー」のウール製勤務服は、他のメンバーのもの（1915年型）と異なり立襟に折襟を追加したもので、俗に1916年型とも呼ばれる。両胸、両腰合わせて四つのフラップ付き貼り付けポケットを備え、前合わせは8個のボタンで閉じられる。
　当時のフランス軍の勤務服用ボタンは部隊ごとに異なったデザインとなっており、本来、航空隊であれば「プロペラと翼」がレリーフされたボタンを使用するはずなのだが、劇中のものは「ヘルメットと胸甲」がレリーフされた工兵部隊のもののようだ。
　両襟には金糸刺繍された航空隊襟章を着用。カポラル（Caporal:伍長）の階級章（2本の斜めの濃紺色テープ）は軍衣の両袖先に縫い付けている。腰に巻いたサム・ブラウン・ベルトはメンバー共通のもの。
　茶革製のコートは吹きさらしの操縦席でパイロットの身を守るためのもの。ローリングスのものは腰ベルトが備わったダブルのハーフコート型だが、他メンバーは襟にボアがついたものや膝下丈のロングコートなど、私物や調達品として様々なタイプのものを着用している。

一般地上部隊用の1915年型勤務服は立襟・五つボタンで腰の左右にフラップ付きの切れ込みポケットを備えるだけのシンプルなデザインだが、ラファイエット戦闘機隊メンバーは両胸、両腰に計四つのフラップ付き貼り付けポケットを備えたユニフォームを揃って着用している。

スタンダードなスタイルは立襟型で、主人公ローリングス以外のアメリカ人メンバー、キャシディ少尉、セノール大尉の副官らが着用。ローリングスのみが立襟に折襟を加えた新型（1916年型とも呼ばれる）ユニフォームを着用。セノール大尉は襟を開襟仕立てとし、ユニフォームの下には襟付きシャツとネクタイを着用している。

この「同じグループは同じユニフォームを着用しつつ、視聴者がひと目でそれと分かるようにキーとなるキャラクターには少し異なった仕様のものを着せる」という手法は、戦争映画ではもはやお約束だろう。

**フランス共和国陸軍航空隊
ラファイエット戦闘機隊
ジョルジュ・セノール大尉**

左：1916年型パイロット章
写真／worthpoint
右：クロアード・ゲアー勲章
写真／cgb.fr

イラストはラファイエット戦闘機隊のフランス人指揮官ジョルジュ・セノール大尉の劇中の軍装。着用している「ホライゾン・ブルー」の勤務服は、開襟型で仕立てられている。当時まだネクタイには軍の規定が存在しなかったため、場面によって異なる色合いのものを着用している。上襟にはノッチの切れ込みに合わせた五角形のベースの航空隊襟章を縫い付けている。カピタン（Capitaine：大尉）の階級は袖先に縫い付けた3本の金テープ状階級章で示した。両胸の貼り付けポケットのフラップはローリングス着用のものと異なり、直線で構成されている。こういったディテールの違いは、当時から士官の軍装は個人でオーダーメイドされた私物であった所以だろう。

右胸ポケット上の金属製バッジは1916年制定のパイロット章。1912年制定の一つ目のパイロット章に次いで第一次大戦中に制定された。

左胸ポケット上にはメダルを二つ併用している。向かって左のものが卓越した功績のあった者に授与される勲章レジオン・ドヌール（Legion d'honneur：名誉軍団勲章）。等級は最下級の「騎士」。レジオン・ドヌールは1802年ナポレオンⅠ世によって制定され、現在でもフランス最高位の勲章に位置付けられている。その右がクロアード・ゲアー（Croix de Guerre：戦争十字章）。リボン部に取り付けられたブロンズのパーム（椰子の木の葉）章は、この勲章の等級を表し、軍レベルから表彰されたことを意味している。どちらのメダルも両端に球状の突起を備える金属棒をリボンに通し、それを糸で軍衣に縫い付けて併用している。

腰にはサム・ブラウン・ベルトを着用。2つの爪を持つ金属製バックルとベルト中央のギボシ（金属製のピン状の留め具）で閉鎖する。左腰の下向きのD型金具はサーベルを吊り下げる際に使用する。

ヘッドギアはケピ（Kepi）と呼ばれる円筒形の制帽。将校の場合は顎（あご）紐も金テープ製となっていた。帽体正面には袖先と同じ金テープ状階級章を着用している。

将校用ケピ帽

Capitaine（大尉）階級章

航空隊襟章

1916年型パイロット章

クロアード・ゲアー勲章

レジオン・ドヌール勲章

サム・ブラウン・ベルト

Capitaine（大尉）階級章

一方で、搭乗時に防寒・防風のために着用する革製のハーフコートや飛行帽、グローブ、ゴーグルなどはほぼ全員が異なるタイプのものを着用している。実際、黎明期の飛行機搭乗員には専用の被服は制定されておらず、オートバイライダー用の防風コートや革製ヘルメット、ゴーグルなどを流用して身につけていた例が多数見られる。

階級章は、1915年型のユニフォームでは袖先につけた。セノール大尉は金テープ3本、副官（中尉）は2本、キャンディ少尉は1本で袖口に対して水平に縫いつける。

一方、ローリングスたちは黒に近い濃紺色のウール製テープを袖口に対し斜めに2本つけている。これはカポラル（Caporal：伍長）の階級を示すが、フランス軍において伍長は下士官ではなく兵卒に分類されるので、彼らの軍内部における実質的な立場としては「上等兵」といったところだ。

隊員が揃って腰につけている茶革製のベルトは通称「サム・ブラウン・ベルト」。これは19世紀中頃、戦闘で左腕を失った英国インド軍の騎兵将校サム・ブラウン大尉が考案したベルトで、幅広のベルトに剣吊り用金具と剣の重さを支えるための襷掛け（たすき）のショルダーストラップ（斜革：しゃかく）が備わっている。20世紀には将校用のベルトとして各国軍に広まり、現代では主に儀礼用として着用し続けられている。

ヘッドギアはセノール大尉と副官がケピ（Kepi）と呼ばれる円筒型の制帽を着用。帽体正面に袖の階級章と同様の金テープを取り付けている。ローリングスたちはユニフォームと揃いの生地のカロ（Calot）と呼ばれる封筒型の略帽を着用している。

記録写真に残る実際のラファイエット戦闘機隊メンバーは映画より雑多なスタイルをしており、立襟型／立折襟型／開襟型のホライズン・ブルー・ユニフォーム、また旧来のアイアン・ブルー・ユニフォームを着用したものなどが混在している。

『フライボーイズ』では、隊員全員が揃いのユニフォームを着用することで、スクリーンの中での「チーム」としての判別をつけやすくしている。

実在のエースパイロットの半生を描く

対する『レッド・バロン』は、実在したドイツ帝国軍航空隊のエースパイロット、マンフレート・フォン・リヒトホーフェンの半生を描いた伝記映画だ。

空中戦でも騎士道精神に溢れた振る舞いをするリヒトホーフェンは、エースパイロットとして友軍のみならず敵国からも一目置かれる存在だった。一方、劣勢となっていく戦況に焦りを見せるドイツ帝国軍上層部は、戦意高揚のための英雄として彼に目をつける。乗機フォッカーDr.Ⅰを真紅に塗り「天駆ける騎士」を自認するリヒトホーフェンだったが、多くの戦友を失い、塹壕で泥に塗れ死んでいく兵士たちを見て戦争の悲惨さを実感し、自分が「空の英雄ごっこ」に酔っていただけではないかと思い悩む——

『フライボーイズ』が若者の群像劇であるならば、今作は一人の青年の成長譚だ。歴史を少し知っていれば、ストーリーの結末は彼の死であることは明白なのだが、それ故に丁寧な描写で描かれる彼の人となりは物悲しくも美しく感じる。

リヒトホーフェンと戦友たちの軍装スタイリング

劇中、リヒトホーフェンが度々着用しているユニフォームは、ウランカ（Ulanka）と呼ばれるプロイセン槍騎兵用の軍服。リヒトホーフェンは開戦時は槍騎兵連隊に所属しており、航空隊への転属後もこの軍服を着用し続けた。各部のパイピング（縁取り）の色や肩章で所属部隊を表している。

リヒトホーフェンの部隊に転属してくる実弟ロタールはダブルの前合わせの軍衣を着用しているが、こちらはフロックコートから派生したリテフカ（Litewka）と呼ばれる軍衣。その他、リヒトホーフェンの従兵らはシングルの前合わせの1910年型バッフェンロック（Waffenrock：野戦服）を着用。

もともとドイツ帝国軍航空隊は、様々な帝国構成国（州）の部隊から志願や選抜で集められた将兵で編成されており、それぞれの出身部隊の軍服のまま任務に当たっていた。また、航空隊の所属であることを示すものは肩章に取り付けるプロペラと翼を象（かたど）った小さなモノグラム（金属製徽章）だけであったため、同じ部隊でありながら非常に雑多な印象を受けるだろう。

ヘッドギアはシルムミュッツェ（schirmmütze）と呼ばれる将校用のつば付き野戦帽。劇中、生真面

目な実弟ロタールのシルムミュッツェから型崩れ防止のワイヤーを引き抜き帽子を潰すシーンがあるが、史実のリヒトホーフェンも劇中同様、クラウン部を潰してベレー帽のように傾けて着用していた。

この"文化"は第一次、第二次大戦を通して国を問わず飛行機乗りたちによって受け継がれ、現代のアメリカ空軍パイロットにおいても略帽の頭頂部を凹ませる——同じパイロットでも暗黙のルールとして戦闘機乗りのみに許されている——というかたちで継承されている。

…という訳で、今回は第一次大戦のパイロットたちを描いた二作品を紹介したわけだが、『フライボーイズ』の敵役であるドイツ人エースパイロットが不時着した敵パイロットを機銃掃射で殺すような極悪人として描かれ、『レッド・バロン』の敵役のフランス人エースパイロットが不細工なヒゲデブ（失礼）だったりと、お互い敵への当て擦りがヒドい（笑）。一方で、どちらも「初出撃でライバルが太陽の中から急降下してきて味方に損害」という"空戦モノのお約束"をキッチリ守ってたりと、見比べると面白い作品だ。

「ドイツ帝国」コカルデ

「プロイセン王国」コカルデ

ロシア皇帝アレクサンドルⅢ世連隊モノグラム

シルムミュッツェ（将校用つば付き野戦帽）

プール・ル・メリット勲章

写真／icollector.com

1914年型二級鉄十字章リボン

ピプ（星章）

1914年型一級鉄十字章

プロイセン軍パイロット章

写真／worthpoint

ウランカ（槍騎兵用軍衣）

ドイツ帝国陸軍航空隊 第1戦闘航空団指揮官 マンフレート・フォン・リヒトホーフェン大尉

イラストは『レッド・バロン』劇中のリヒトホーフェン大尉の軍装を再現したもの。ウランカ（Ulanka）は18世紀末、ポーランド国王直属のエリート槍騎兵部隊として創設されたウーラン連隊のユニフォームとして制定されたもので、1795年のポーランド王国消滅後もフランスやプロイセンの槍騎兵部隊で着用され続けた。

当初は身体正面に縦に隠しボタンで留める前合わせがあり、そこから左右に大きく折り返した下襟（ラペル）が身体中央で一体化し、まるで身体正面にパネルが付いたように見えるのがウランカの特徴だったが、時代が下るとこのデザインだけが残り、ダブルのジャケットの下襟を肩口で留めるような方式に改められた。

詰襟軍服の前面に共生地の前掛けをボタン留めしたようにも見えるが、着用時に実際に留めボタンとして使用するのは右肩から右腰にかけて縦に並ぶボタンだけで、左側のボタンはダミーの飾りボタンとなっている。

肩章は航空隊転属以前に所属していたプロイセン第1槍騎兵連隊（通称：ロシア皇帝アレクサンドルⅢ世連隊）のもの。本来、航空隊所属であれば肩章の組紐の上には「プロペラと翼」を象った金属製徽章を装着すべきなのだが、劇中では元部隊の「王冠」とアレクサンドルのイニシャルである「A」と「Ⅲ」を象った金色のモノグラムと、中尉を示すピプ（星章）が取り付けられている。大尉に昇進してからも、この形の肩章のまま着用し続けている。

襟元を飾るのはプール・ル・メリット（Pour le Merite）勲章。首に巻いたリボンで首元に吊るすタイプの勲章で、立襟の前合わせの隙間からメダルを外に出して佩用している。その他、ウランカの第一ボタンホールには1914年制定の二級鉄十字章の白・黒リボンを縫い付け、右胸には同じく1914年制定の一級鉄十字章（上）と、プロイセン軍パイロット章（下）を着用している。

ヘッドギアは1910年制定のシルムミュッツェ（Schirmmütze）と呼ばれる将校用野戦帽。兵用の野戦帽であるミュッツェ（Mütze）にはつばが無く、将校用には黒革製のシルム（Schirm：傘・ひさし）が備わっていたことからこう呼ばれていた。

ユニフォーム同様、鉢巻き状のバンドやクラウンのパイピングなど各部の色で所属部隊を表す。帽体正面に縦に二つ並んだ円形の徽章はコカルデ（Kokarde）と呼ばれる国籍章の一種。同心円の配色で所属国が判別できる。上の赤・白・黒のコカルデは「ドイツ帝国」、下の黒・白・黒のコカルデは帝国の構成国である「プロイセン王国」のもの。同様に下のコカルデが白・青・白であれば「バイエルン王国」、青・黄・青であれば「ブラウンシュヴァイク公国」所属となる。

Colum

史実のリヒトホーフェン大尉

マンフレート・フォン・リヒトホーフェン（Manfred von Richthofen）は1892年、プロイセン貴族の男爵家に生まれた。1914年の開戦時は槍騎兵将校だったが、前線で操縦訓練を受け1916年3月に戦闘機パイロットとなった。1917年1月までに撃墜戦果が16となり、ドイツ帝国最高位の戦功章であるプール・ル・メリット勲章を受勲。同時に第11戦闘中隊中隊長となり、この頃から乗機を赤一色に塗装するようになる。これが有名な「レッド・バロン」（赤い男爵）という異名の所以となった。17年6月には第1戦闘航空団指揮官を拝命。以降も戦果を重ねたが、1918年4月21日、80機目の公式撃墜を達成した翌日に自らも撃ち落とされ、戦死した。享年25。

三つの視点から紡がれる物語

ここで紹介する『ダンケルク』は、飛行可能なスピットファイア戦闘機やフランス海軍のシュルクーフ級駆逐艦1隻を丸ごと撮影に使用するなど、ミリタリーファンの間では公開前から話題となっていた作品だ。また、イギリス軍の陸海空の三つの軍装が同時に楽しめる、お得（？）な映画となっているぞ。

1940年5月、ヨーロッパ大陸に派遣されていたイギリス海外派遣軍（BEF）とフランス軍は、ドイツ軍の電撃的侵攻により窮地に立たされていた。英仏連合軍40万名はフランス北西部の港湾都市ダンケルクに逃げ込むが、その先はドーバー海峡。文字通り「背水の陣」となった連合軍将兵の包囲殲滅は時間の問題となる。

本作は、ダンケルクの桟橋でイギリス本土へ撤退するための船を待つ陸軍の一兵士、トミーの過ごした1週間、兵士たちを救い出すためドーバー海峡を渡るプレジャーボート「ムーンストーン号」の老船長とその息子たちが過ごした1日、ドイツ空軍を撃退するためダンケルク上空へ飛ぶイギリス空軍パイロットたちの1時間、という三つの視点から描かれる。一見、ばらばらに思える三つのストーリーは終盤、1つに帰結していく——

イギリス陸軍兵士の軍装

まずは「陸」の主人公、トミーらの軍装から解説していこう。彼の軍装は、基本となる戦闘服「バトルドレス」と1937年型 （※1） 個人携行装備の組み合わせから成っている。

●バトルドレス

1930年代後半に開発された戦闘服で、第二次大戦の全期間を通じてイギリス軍および英連邦軍将兵に着用された。デザインの基になったのは、当時の欧州のスキーウェアとも言われる。

茶色のウール生地製短ジャケット「バトルドレス・ブラウス」と、左右非対称のカーゴポケットを備

Colum

史実の「ダンケルク」

1940年5月、イギリス海外派遣軍（BEF）と一部のフランス軍は、英仏海峡沿いの都市ダンケルクで西進するドイツ軍に包囲されていた。その兵力はおよそ40万名で、これを失うことは連合軍にとって大きな痛手となる。

そこでイギリス本国では、彼らを救出するための「ダイナモ」作戦が立案され、1940年5月26日に発動された。これはダンケルクで包囲下にある将兵を、イギリス海軍の軍艦はもちろん、個人所有のプレジャーボートなども含むあらゆる民間船舶を徴用して海路でイギリス本土に輸送するというもので、結果、6月4日までの9日間でBEF約20万名、フランス軍約14万名の救出に成功した。

ただし損害も大きく、200隻以上の連合軍艦船が空襲や雷撃によって沈められ、また上空支援に当たったイギリス空軍も150機近い航空機を喪失した。撤退作戦の殿（しんがり）を務めたフランス軍2個師団約3万名はドイツ軍の捕虜となった。

若者たちを救い出すため、官・民問わず行われたこの「奇跡の救出作戦」はイギリス国民の心に深く刻まれ、危機的状況にあっても不撓不屈の精神で立ち向かうことを今でも「ダンケルク・スピリット」と呼んでいる。

えるパンツ「バトルドレス・トラウザーズ」から成り、大戦中は大別して次の3種類が製造・着用されている。

一つ目は、単に「バトルドレス・ブラウス／トラウザーズ・サージ」と呼ばれる初期型で、後年、"1940 Pattern"と年号入りの制式名が明記された改良型（後述）が登場したことから、遡って1937年型バトルドレスと呼ばれている。

この1937年型を基に、生地をウールサージから通常のウールにして生産性を高め、ウエストバンドの金属製バックルのデザインを改良、トラウザーズ右腰前部の野戦用包帯ポケットにプリーツと留めボタンを追加するなどしたものが1940年型と呼ばれる。

さらに生産性を上げるため、1942年頃から前合わせやポケットフラップなど各部の隠しボタンを露出ボタンとし、上衣両胸のポケットからプリーツを省略した戦時省力型が登場。これは研究者の間では、1940年型のエコノミーモデルなどと呼ばれ区別されている。

●1937年型個人携行装備

バトルドレスと同様に、1930年代半ばから研究・開

※1　ここでの「19＊＊年型」という訳語は、原語では "19＊＊ Pattern" と表記される。

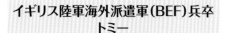

イギリス陸軍海外派遣軍(BEF)兵卒
トミー

トミーは映画冒頭から多くの装備を失った状態で登場する。基本は1937年型バトルドレスと1937年型個人携行装備だが、銃剣やイントレンチングツールは装着しておらず、右腰背面のウォーターボトル・キャリアーハーネスに本来収まっているはずの水筒本体も失っている。海岸線で1939年型グレートコートを脱いだ際には、L型ブレース付きの小型背嚢(ハバーサック)も一緒に投棄している。

バトルドレス・ブラウスには所属部隊を示す部隊章類はいっさい付けていないが、これは開戦後、戦地においては一部を除き部隊章類を取り外すよう命令があったため。

ブレース(サスペンダー)は肩のパッド部が表・裏逆になっているように見えるが、これはイラストの作画ミスでも劇中の俳優の着装ミスでもなく、マニュアル通りの正しい着装法。ただしこの規定は戦地ではほとんど守られず、『ダンケルク』劇中の俳優、エキストラも裏表を逆にして着装している例が少なくない。

両胸に取りつけたベーシックパウチは弾薬パウチとしてはかなり大型だが、これは特定の兵器用というものではなく、小銃弾なら布製バンダリアごと1本(50発分)、ブレン軽機関銃の弾倉なら2本、手榴弾なら4発、2インチ(5.08cm)迫撃砲弾なら2発、というように多目的に使用できるパウチとなっている。なお、ステン短機関銃の弾倉を収納するには縦の寸法が若干足りなかったため、後に寸法を改めた改良型(Mk.Ⅲ)も製造されている。

小銃はSMLE No.1 Mk.Ⅲ小銃。.303弾(7.7mm×56R)を10発装填可能で、脱着式弾倉を採用するなど当時の各国の軍用ボルトアクション・ライフルの標準(5発、固定弾倉)からするとかなり革新的だった。ただし実際の弾薬装填にはもっぱら弾薬クリップを用い、弾倉を交換しての再装填は行われなかった。なお、SMLEは"Short Magazine, Lee-Enfield"(ショートマガジン、リー・エンフィールド)の略称である。

SMLE No.1 Mk.Ⅲ小銃

ウール製カラーレスシャツ

1937年型ブレース

1937年型バトルドレス・ブラウス。写真はロンドン市ホームガード(国防市民軍)第22大隊の軍曹のもの　写真／IWM

1937年型バトルドレス・ブラウス

1937年型ベーシックパウチ

ウォーターボトルキャリアーハーネス(右腰背面側)

ファーストエイドドレッシング(野戦用包帯)ポケット

1937年型ウエストベルト

1937年型バトルドレス・トラウザーズ

1937年型個人携行装備の「行軍装備」(Marching Order)。ブレースが交差する背中の部分に大型背嚢(ラージバック)が、ウエストベルトの左側背面に小型背嚢(ハバーサック)が装着されている　写真／war relics forum

フラップ付き大型カーゴポケット

発が進められてきたもの。明るいカーキ色のコットンウェブ製装備で、陸軍の機械化とそれに伴う兵員の車両行軍を見越し、装具類を比較的身体の高い位置に装着することで乗降車時の引っかかりを防いでいる。

ウエストベルトを中心に、2本のブレース(サスペンダーのイギリス軍内呼称)、汎用弾薬パウチであるベーシックパウチ、水筒およびその携行用キャリアーハーネス、木製の柄と金属製のブレード、組立式のスコップであるイントレンチングツールなどから構成されている。

小型背嚢(ハバーサック)を背負うことで「戦闘装備」、大型背嚢(ラージパック)を追加することで「行軍装備」などと、状況や任務に応じて装備を組み合わせることが可能だ。

この1937年型個人携行装備は、のちに各部に改良が加えられた1940年型、実質的に戦後配備となる1944年型、1980年代まで配備し続けられる1958年型へと発展していくことになる。

● コート、ヘルメット

劇中冒頭、トミーはバトルドレスの上に、紋章入り真鍮製ボタンが特徴の1939年型グレートコートを着用している。下士官/兵用のコートとしては1940年型も存在し、こちらでは樹脂製ボタンの採用や、襟幅・着丈など各部のサイズの見直しが図られている。

トミー以外の多くの兵士が着用している皿型のヘルメットはMark 1 ＊ヘルメット(＊はスターと読む)。第一次大戦時からのMark 1スチールヘルメットのライナー、チンストラップ(あご紐)を改良したもので、シェル鋼材に変更を加えたMark 2ヘルメットと共に、イギリス軍兵士のアイコンにもなっている。

イギリス海軍士官の軍装

次に、ダンケルクの桟橋で撤退作戦を指揮するボルトン海軍中佐を例に、イギリス海軍士官の軍装を見ていこう。Pコートやダッフルコート、ネイビーのブレザージャケット、また袖口に巻いた金線の数で階級を表す制度など、イギリス海軍の被服と制度は今日に至るまで世界各国の海軍のそれの手本となっている。

イギリス海軍士官の勤務服は、縦4つ×2列の錨の紋章入り金メッキボタンで留める濃紺色ウール生地製のダブルのジャケットと、揃いのトラウザーズが基本となる。イギリス海軍における正式名称は「No.5ドレスユニフォーム」だが、通称として「アンドレス・ユニフォーム」(非正装=通常勤務服の意)や「リーファージャケット」という名称も広く使われていた。

制帽はクラウン(天蓋)、鉢巻、鍔から成るピークドキャップ型。リーファージャケットの上に羽織っているのは海軍士官用のグレートコートで、脱着式の肩章で階級を示している。

イギリス空軍パイロットの軍装

最後は、この映画の「空」を担当するキャラクターの一人、スピットファイア戦闘機のパイロットでコールサイン「フォーティス・ワン」のファリアの機上装備を見ていこう。

ファリアは、タイプBと呼ばれる革製のフライングヘルメット(飛行帽)を頭に被り、目には跳ね上げ式のサン・シールドが付いたMk. Ⅳフライングゴーグル(飛行眼鏡)を着用している。酸素マスクは初期型のタイプDで、機上無線機用のマイクをこのマスクの中央に、無線機用レシーバーをタイプB飛行帽左右のイヤーカップに収納している。

上半身には空軍パイロット用の通称「ホワイトフロック」セーターを着込み、その上にブルーグレー色のウール生地製士官用通常勤務服を重ね着、さらにシープスキン製の防寒飛行服"アービン"フライトジャケットと1932年型救命胴衣を身につけている。

パラシュートハーネスはほとんど画面に映らないため詳細は不明だが、おそらく当時一般的だったC-2型パラシュートハーネス(パラシュートが座面を兼ねるタイプ)だろう。

一方、ファリアの僚機「フォーティス・ツー」のパイロットであるコリンズは"アービン"フライトジャケットを着用せず、通常勤務服の上に直に救命胴衣とハーネスを着装。どちらも第二次大戦初期のイギリス空軍パイロットの典型的スタイリングとなっている。

20万人の"トミー"たち

本作の主人公は「トミー」(Tommy)という名前だけが明かされ、姓は明らかにされていない。だが、

姓はおそらく「アトキンス」(Atkins)ではなかろうか。「トミー」は、第一時世界大戦時からイギリス軍兵士全体を指す単語だ。そして当時、陸軍の入隊申込書の記入例の氏名欄には"Tommy Atkins"と書かれていたそうだ。だとすれば、本作は主人公を通して20万人もの名も無き"トミーたち"の救出劇を描いたもの、と捉えることもできる。

また、劇中でファリアたちが乗るスピットファイアの胴体側面に描かれたコードレターは「LC」で、これは史実のスピットファイア戦闘機隊には存在しない架空のコードだ。

このように『ダンケルク』は、特定の誰かをヒーローとして描くのではなく、助けられた人、助けた人、命を落とした人、生きながらえた人、作戦に関わったすべての人を投影した映画となっている。

士官用制帽

王立海軍帽章

つばの縁の柏葉飾り（中佐以上の上級士官のみ）

ハイネックのウールセーター

No.5ドレスユニフォーム（リーファージャケット）

海軍士官用グレートコート

「海軍中佐」肩章

No.5ドレスユニフォーム。袖の階級章は海軍志願予備隊(RNVR)大尉を示す
写真／IWM

イギリス海軍中佐 ボルトン

イラストは劇中のボルトン海軍中佐のスタイリングで、海軍士官用No.5ドレスユニフォームの上に海軍士官用グレートコートを羽織っている。

ユニフォームは黒に近い濃紺色のウール製で、Pコートと同様に前合わせに左右の区別が無く、どちらの身頃を上にしてもボタンを留めることができる。規定ではユニフォームの下に白の襟付きシャツと黒ネクタイを着用することになっているが、ボルトン中佐は防寒のためにハイネックのウールセーターを着込んでいる。グレートコートもユニフォームと同様に、左右の身頃を入れ替えても着用できる仕立てとなっている。

頭に被っているのは士官用のウール製制帽で、片側のみに調節金具が付いた黒エナメルのチンストラップ（あご紐）、中佐(Commander)以上の階級にのみ許されている金モール製の柏葉飾り付きの鍔（つば）などが特徴。

鉢巻の前面には、王冠と「からみ錨」を月桂樹の葉飾りが囲んだデザインの帽章が金モールで刺繍されている。鍔（つば）は革製で、階級が中佐から二等代将までの場合は上面に金モールの柏葉飾りの縁取りがついていた。

なお、ボルトン海軍中佐のモデルとなったのは、史実で「ダイナモ」作戦の終了日までダンケルクの沿岸でメガホンを手に逃げ遅れた連合軍兵士を捜索し続けた「ダンケルク・ジョー」ことウィリアム・ジョージ・テナント海軍大佐であろう。

ヘッドギア類
（内訳は写真を参照）

「ホワイトフロック」
セーター

"アービン"
フライトジャケット

1932年型
ライフプリザーバー
（救命胴衣）

士官用
通常勤務服

右上：革製のタイプBフライングヘルメット
（飛行帽）。ジッパー開閉式のイヤーカップ
内に無線機用レシーバーを収納できる
写真／IWM
左上：跳ね上げ式サン・シールド（日除け）が
付いたMk.Ⅳフライングゴーグル
写真／historic flying clothing
下：タイプD酸素マスク。写真は無線機用
マイクを中央に装着した状態
写真／historic flying clothing

"アービン"フライトジャケットの
左前面　写真／IMA

　イラストはスピットファイア戦闘機のパイロット、ファリアのスタイリング。着用しているシープスキン製のジャケットは、アービン・エアシュート社（Irving Air Chute Ltd.）が納入していたことから"アービン"フライトジャケットとして知られている。前身頃は金属製ジッパーで閉鎖し、ウエストには金属バックル付きのベルトが備わっている。このベルトは胴体を一周しているものではなく、腰の左右に末端が縫い付けられており、不要と感じた着用者によって切断されてしまっているケースも少なくない。アービンジャケットは本来は同素材の防寒用オーバートラウザーズとペアになるものだが、実際には劇中のようにジャケットのみ単品で着用されることが多かった。
　1932年型ライフプリザーバーは防水処理された救命胴衣で、左胸部のゴムチューブで直接息を吹き込んで膨張させる旧式なもの。また、海上に不時着した際に捜索救難隊に発見されやすいよう、多くの場合、イラストのように黄色いペンキでハンドペインティングされていた。その場合、各部に記入された注意書きの部分だけを塗り残しているため、遠目にはまだら模様のようになっている。これらの問題は、大戦中期より全体が最初から黄色い素材で製作された炭酸ガスボンベ膨張式の1941年型Mk.Ⅰライフプリザーバーの登場により解決することとなった。

日本陸軍の航空被服の歴史

『俺は、君のためにこそ死ににいく』は、太平洋戦争末期の昭和20（1945）年春、九州の知覧飛行場から出撃していく陸軍特別攻撃隊 振武隊の隊員たちと、彼らから母親のように慕われ、その出撃を見送ってきた実在の人物、鳥濱トメさんとの交流を描いた歴史群像劇だ。

戦中、戦後を通して海軍航空隊を描いた映画は山程あるのだが、一方で、陸軍飛行隊を描いた映画は数えるほどしかなく、ややマイナーな扱いとなっているのが残念だ。という訳で、ここでは知られざる（?）日本陸軍飛行隊の軍装を紹介していこう。

陸軍航空創成期の被服は私物や非制式品で賄われていたが、大正3（1914）年に至ってようやく「航空勤務者用航空服」が制定された。以降、昭和4（1929）年、昭和12（1937）年の二度の大きな更新を経て、太平洋戦争へと突入していく。

昭和12年制式の航空被服は、基本となる飛行服・飛行帽・手袋・靴の四つにそれぞれ冬季用の第一種、夏季用の第二種が制定され、また電熱航空服や手袋・足袋、航空下着や襟巻き、航空覆面などの防寒アイテムも用意されていた。さらに開戦後には、ビルマやニューギニアなど南方戦線向けの防暑飛行服も製造・支給された。

これらの航空被服は、現場の声を反映した小改良や戦争末期における簡略化、新装備に対応するためデザインが変更されたものなどがあり、そのバリエーションは多岐にわたる。

陸軍戦闘機パイロットの被服と装備

まずは映画から、主人公の一人である第四十七振武隊の荒木少尉の軍装を例に、陸軍飛行隊の戦闘機パイロットのスタイルとアイテムを見ていこう。

●第二種航空衣袴

昭和12年に制式化された夏季用の飛行服。上下セパレートで、赤茶色のクレバネットと呼ばれる防水性のあるウールギャバジン（※1）生地で仕立てられている。

胸には縦の締金具（※2）で閉じる貼り付けポケットが左右一つずつ備わっている。ポケットが縦スリット式なのは、航空衣袴の上に着装した縛帯（パラシュートハーネス）との干渉を避けるためだ。

裾には内蔵式の尾錠（バックル）付きベルトが備わっている。日本陸軍の飛行服独自の、というか「こんなの日本軍しかやらねえよ…」的装備としては、左腰に備わった軍刀を差すためのスリットがあり、その内側は丁寧に革で補強されている。太腿の前部には左右に大きな貼り付けポケット、両腰には航空衣袴の下に着用した軍袴のポケットに直接アクセスするための締金具閉じスリットが備わっている。

飛行服専用の階級章を制定した海軍と異なり、陸軍は通常の軍衣用の階級章（襟章）をそのまま飛行服に着装した。

●防暑航空衣袴

南方での作戦用に、第二種よりもさらに軽量な防暑航空衣袴も存在した。上下セパレートで、綿製や化繊製、クリーム色や明るい緑色のもの、ポケットの位置・デザインが異なるものなど多くのバリエーションが確認できる。

防暑航空衣袴には、まくり上げた袖を留めるためのボタンや脇下のフラップ留め通気口など、酷暑下で着用するためのアイデアが盛り込まれていた。劇中では最後の出撃に向かう際の中西少尉ら振武隊員の半数が着用している。

Colum

「飛行」？「航空」？

日本陸軍と海軍では兵器・編制・命令など多くの点において異なる用語を用いていた。飛行機を操縦するパイロット、飛行機乗り組みのクルー全体を陸軍では「操縦者」「空中勤務者」、海軍では「操縦員」「搭乗員」と呼んでいた。

一方で、用語の混用が顕著なのが「飛行」と「航空」という単語。一般に広く「陸軍飛行隊」「海軍航空隊」と呼ばれているので陸＝飛行、海＝航空と認識されがちなのだが、陸軍も「航空兵科」「陸軍航空士官学校」、海軍も「飛行科」（昭和17年までは「航空科」）「海軍飛行予科練習生」などというように、陸海軍双方で用語の混用がみられた。

なお、パイロット用被服の制式名については陸海軍とも「航空衣袴」「航空眼鏡」など「航空」が用いられている。

※1　織目がきつく丈夫に作られたウール製の綾織り布。
※2　金属製ジッパー式ファスナーの陸軍名称。
※3　陸軍には航空頭巾とは別に「航空帽」も存在した。航空帽は中にフェルトを仕込んだ軟式ヘルメットで、戦車兵用のものに似た形状をしていた。

●航空頭巾

茶革製の飛行帽(※3)。大別して裏面を兎毛貼りとした第一種と、裏貼りのない第二種が存在した。それぞれ冬用・夏用として区別されたが、実際には季節に関わらず混用されていたようだ。

額の中央には日本陸軍の象徴の一つである星章が革製アップリケで縫い付けられている。耳当て部は中央に穴が空いたドーム状の硬い革製で、機内通話用の伝声管や無線用レ

九七式操縦者用落下傘縛帯の複製品 写真／nyc925

シーバー(電信受聴器)を装着することが可能だった。複座機の空中勤務者用に、片耳に伝声管、もう一方に無線用レシーバーを取り付けた例も見られる。左右のレシーバーから下がったコードは延長コードを介して機内の無線機に接続された。

ゴーグルは俗に「鷲の目航空眼鏡」と呼ばれるもの。2枚の曲面ガラスの間にセルロイドや人造樹脂などが充填されており、破損してもガラス片が飛散しないよう工夫

日本陸軍 第四十七振武隊 荒木隊隊長 荒木少尉(出撃時)

イラストは日本陸軍飛行隊の戦闘機パイロットの典型的なスタイルの一例。第二種航空衣袴を着込み、九七式操縦者用落下傘の縛帯を着装している。縛帯は丈夫なズック製で、へその位置の金属製離脱器(クイックリリース・バックル)を作動させることで容易に脱ぐことができた。右太腿の板は記録板。航路地図や計算式などを挟み込んで使用する。軍制式品ではなく、破棄された機体の外板などから部隊や個人で各々が作成した私物。左袖には日章が描かれた鉢巻を腕章代わりに巻いているが、これは昭和20年4月通達の海軍「航空被服味方識別標識附着規定」に合わせたものだろう。

第二種航空頭巾

無線用
レシーバー

第二種航空衣

無線レシーバー用プラグ

九七式操縦者用
落下傘縛帯

"鷲の目"航空眼鏡

襟布(白絹)

三式「少尉」
階級章

一〇〇式飛行時計

締金具

尾錠付きベルト

第二種航空袴

第二種航空手袋

記録板

21

日本陸軍 第四十七振武隊 荒木隊隊長
荒木少尉(第一種航空衣袴)

将校准士官用略帽

　つなぎ型の第一種航空衣袴を着用し、将校用の九八式軍刀(昭和13年制定)を航空衣袴左腰に差し込んで佩用している。第一種航空衣袴は、腰背面がベルト通しと一体化し右臀部に電源プラグ用ポケットが備わった後期型。初期型は胴回りのベルトがループ留めとなっており、電源プラグ用ポケットが無いなど細かい仕様が異なっていた。階級章は毛革貼りの襟には装着できないため、胸や袖に台布や安全ピンなどを介して装着していた。

　略帽は昭和初期から「戦闘帽」「椀帽」などと呼ばれ限定的に着用されていたものを、昭和13年に制式化したもの。航空部隊でも日常的に着用された。

第一種航空手袋

第一種航空衣袴

電熱用電源供給プラグ収納ポケット

締金具留めのスリット

されていた。防寒性を高めるため、座褥(パッド部)に毛皮を貼ったタイプ(甲型)も存在し、劇中では満州から知覧に飛来した際の荒木少尉らが着用している。

●**航空手袋**

　茶革製の手袋。冬季用の第一種は裏地付きのスウェード鹿革製。手首部分は長めで兎毛が貼ってある。この部分に航空衣袴の袖口を差し込む事で手首から冷気が進入するのを防ぐ事ができる。

　夏季用の第二種は裏地のない山羊革/牛革製。第一種、第二種共に手首を締めるためのストラップが備わっている。

航空襟巻

兎毛貼りの襟

三式「少尉」階級章

九八式軍刀

尉官用刀緒

尾錠付きベルト

大腿部ポケット

かかみがはら航空宇宙博物館に展示されている第一種航空衣袴と九七式操縦者用落下傘縛帯の組み合わせ(中央)、左は防暑航空衣袴
写真/Motokoka

●航空靴

　バックル等の無いシンプルな茶革製長靴。内側が兎毛貼りされた冬季用の第一種と裏貼りのない夏季用の第二種が存在。丈の短い航空半長靴、胴の部分が帆布製の簡易型航空半長靴も製造された。

●九七式操縦者用落下傘 縛帯

　パラシュート用ハーネス。「縛帯」や「吊帯」と呼ばれる。海軍でもほぼ同型のハーネスを九七式落下傘（二型）として採用している。自動曳索環を機内に連結して、機内から飛び出した際に自動で開傘する方式と、自ら手動曳索を引いて開傘する方式のどちらも使用できた。

　落下傘本体は座褥式（座布団式）と呼ばれるタイプで、操縦席の座面に傘嚢を収めるための凹みがあり、操縦者は傘嚢を座布団代わりにして座席に収まった。

　この他、戦闘機パイロットは襟布（絹製マフラー）や航空襟巻、航空時計、必要に応じて洋上作戦時には航空浮衣（救命胴衣）、高高度迎撃時には酸素吸入器（酸素マスク）などを着用した。

防寒性に優れる冬季用被服と装備

　航空の創生期から、飛行服に求められていた機能の第一は防寒性であり、初期においてはオートバイ用の防寒コートなどを流用していた。日本陸軍でも、満州・ロシア国境や高高度飛行時の極寒からパイロットを守るための被服・装備を充実させており、戦争を通して着用されている。

●第一種航空衣袴

　昭和12（1937）年式。陸軍の冬季用航空被服の基本となる「つなぎ」型の飛行服。表面は第二種と同じく赤茶色のクレバネット生地。服の内側は防寒のための兎毛や羊毛が全身に渡って内貼りされている。

　襟は大きく、表は兎毛貼り。前合わせ、両胸ポケット、両袖口、両裾口、両腰のスリットはそれぞれ締金具で閉鎖できる。ウエストは共生地の金属製尾錠付きベルトで締める。ポケットは両胸と両太腿に計四つ。第二種航空衣袴と同様に、左腰には軍刀を差すためのスリットが備わっている。

　この飛行つなぎの特徴は、電熱下着（後述）との併用を想定していることで、右腰には操縦席内の電熱用電源と接続するためのプラグが、またつなぎ内側の胸元には電熱下着に電力を供給するためのコネクターが備わっている。右臀部の小さなフラップ付きポケットは電源プラグを収納しておくためのもの。

●第一種航空頭巾／航空手袋／航空靴）

　航空衣袴同様、航空頭巾・航空手袋・航空靴には冬季用として第一種が制定されていた。詳細は前述の通り。

●その他の防寒装備

・航空覆面（目出し帽型だが開口部は広く顔面が露出する。航空頭巾の下に着用）
・航空襟巻（チューブ状のウール製防寒トーク）
・航空下着（ベージュ色のハイネックウールセーター）
・電熱航空被服（電熱下着・電熱手袋・電熱足袋の3点セット）

　電熱下着は薄手カーキ色生地の襟無しつなぎ服で、第一種航空衣袴の下に着用。服の内側にはニクロム線が配線されており、機体から供給される電力で発熱する。両袖口・両裾口にはそれぞれ電熱手袋・電熱足袋と接続し電力を供給するためのコネクターが備わっている。

陸軍飛行隊将校の軍服

　最後に、劇中で第七十一振武隊の中西少尉が着用していた軍服を紹介しよう。軍服は昭和18（1943）年に制定された将校用三式軍衣袴。ここでいう「三式」は下士官兵用官給品の型式であり、将校用のものは厳密には「昭和十八年改正の将校准士官用軍衣袴」となる。将校用三式軍衣袴はそれまでの九八式軍衣袴（昭和13年制定）と基本デザインは同一で、襟の階級章の大型化と、階級を表す袖章の追加が大きな変更点となっている。

　飛行隊に所属する将兵は、右胸に「航空胸章」を着用。この徽章は陸軍航空に関わるすべての将兵が着用するもので、その範囲はパイロットはもちろん、地上勤務の整備隊や航空学校の生徒などにまで及ぶ。その中でも、れっきとしたパイロットやエアクル

ーである空中勤務者のみ着用できたのが、俗に「空中勤務者胸章」とも呼ばれた「航空用特別胸章」だ。これは航空胸章の上に着用した。

　劇中、中西少尉は軍衣の右胸の低い位置に将校用の「陸軍飛行機操縦術修得徽章」を着けている。

この徽章は陸軍大学校卒業者に与えられる「陸軍大学校卒業徽章」、通称「天保銭」に似ている事から、陸軍飛行学校・陸軍航空士官学校の所在地でもあった埼玉県所沢にかけて「所沢の天保銭」、略して「ところてん」と呼ばれていたそうだ。

　なお、実はこの徽章、昭和15（1940）年9月以降は着用を禁ずる命令（※4）が出ているのであった。

　中西少尉はどうしても着けたかったのね…。

日本陸軍 第七十一振武隊 中西隊隊長 中西少尉（三式軍衣袴）

航空用特別胸章（空中勤務者胸章）

航空胸章

将校准士官用三式軍衣

陸軍飛行機操縦術修得徽章

「少尉」袖章
・線章1本
・星章1個

将校准士官用略帽

三式「少尉」階級章

九八式軍刀

尉官用刀緒

尉官用正刀帯剣吊帯

日本陸軍の航空用特別胸章（空中勤務者胸章）
写真／ykei0203

日本陸軍の航空胸章
写真／worldwidecurios2

通常勤務時の陸軍航空兵科将校のスタイル。将校用の三式軍衣袴は、仕立て・デザインは昭和13年制定の九八式軍衣袴と基本的に同一で、階級章のデザイン変更及び袖章の追加が主な改正点となっている。襟の階級章は准士官から将官まで横40mm×縦18mmの同一サイズだったものを、准士官・尉官で横20mm、佐官25mm、将官30mmと段階的に大きくなるよう改定。また金属製の星章の位置も身体の中心線に寄るように配置された。袖口には折り返し部の直上に線章、その下に星章を取り付けることとされ、線章の本数と太さで将官・佐官・尉官・准士官の区別を、星章の数で大中少の位を示すこととなった。イラストは「少尉」なので線章1本（尉官）、星章1つ（少）となっている。

　軍刀は前掲のものと同じ将校用の（通称）九八式軍刀。柄の先端の猿手には表が茶色、裏が青色の尉官用刀緒を結び、柄に巻き付けている。軍刀は軍袴（乗馬型ズボン）のウエストに締めた正刀帯の剣吊帯に繋いだ上で正刀帯のフックに引っ掛け、軍衣左脇下の脇裂（ベント）から軍刀の柄を出して佩用した。

※4　一方、准士官／下士官用の徽章は終戦時まで着用が認められていた。

全露ナンバーワンメガヒット作!!

『T-34 レジェンド・オブ・ウォー』は直球のタイトルが示すとおり、ソ連の傑作戦車T-34とその乗員たちの戦いを描いた作品だ。ロシア映画としては破格の10億円を超える予算で製作され、ロシア本国で800万人もの観客を動員（興行収入は40億円）。その後「全露No.1メガヒット」というビミョーな謳い文句とともに日本に上陸し、およそ25年ぶりに日本におけるロシア映画の興行収入の記録を塗り替えた。

予算をかけたぶん映像はリアルで、登場するT-34はすべて本物の車両を使用し、役者自らが操縦する本格的な撮影を敢行、ロケでは屋外に大規模なセットが組まれた。

軍事考証にも膨大な時間が割かれ、監督のアレクセイ・シドロフ曰く「これほど細かい点にこだわって撮影された映画はロシアでも他にありません」という徹底ぶりだ。

また、戦闘中に砲弾が行き交い炸裂するシーンなどでは、ロシア最先端のVFX（視覚効果）技術が使われており、そのクオリティはハリウッド製映画にも引けをとらない。単純に、アクション・エンターテインメントとして良作に仕上がっているぞ。

モスクワ防衛 雪中のリアルな戦車戦

本作の舞台は、ストーリー前半がWW2の独ソ戦（ロシア視点なので大祖国戦争というべきか…）、ストーリー中盤以降がドイツ第三帝国内となっている。二部構成といってもいいつくりになっているので、あらすじも分けて紹介しよう。

第二次大戦下の1941年11月、ソ連領内に侵攻したドイツ軍が首都モスクワに迫るなか、戦車教育を終えたばかりのニコライ・イヴシュキン少尉がモスクワ近郊の寒村に着任し、新たにT-34の車長となった。

度重なる損耗で士気の低下した乗員たちを叱咤し、どうにか心を通わせたイヴシュキンは、友軍の撤退を援護するため、自らの1両のみでドイツ軍の戦車中隊を迎え撃つ。イヴシュキンのT-34は、見事な待ち伏せにより数両の敵戦車を撃破したが、III号戦車を駆るイェーガー大尉との死闘の末に相討ちとなり、乗員全員がドイツ軍の捕虜となってしまう。

ストーリー前半の見せ場となる戦車戦のシーンでは、主人公イヴシュキンと宿敵イェーガーが初めて対峙する。

イヴシュキンが乗るT-34は大戦前期の41.5口径76.2mm砲搭載型（砲塔は1941年型の鋳造砲塔）、対するイェーガーの乗車は、42口径5cm砲搭載のIII号戦車だ。カタログスペックではT-34が優るが、T-34の砲塔は二人用で車長が砲手を兼ねるため、車長が指揮に専念できないという弱点があり、劇中でもこの点がうまく再現されている。

また、車体前面への被弾時に装甲を貫徹こそされないものの、衝撃と轟音で乗員が気絶するという、今までの戦争映画にはなかった珍しい描写もあり、戦闘中の車内の様子をありありと実感できる。

軍装に関しても、しっかりとした軍事考証のもと「1941年冬のソ連戦車兵」「同 ドイツ戦車兵」が再現されている。ここからは両者の軍装スタイリングについて、その歴史や変遷も踏まえて解説していこう。

●ニコライ・イヴシュキン少尉のスタイリング

戦車戦のシーンのイヴシュキン少尉は、ダブルのコートの下にギムナスチョルカ（Гимнастёрка）という野戦服と乗馬ズボンを着用している。このギムナスチョルカは、1935年12月の服制の大改定に基づく、俗に1935年型またはM35などと呼ばれるタイプだ。注目すべきポイントは、ギムナスチョルカの襟が折襟で、階級章が襟についていることで、1943年以降は襟が折襟から立襟に、階級章が襟ではなく両肩につく肩章へと変化する。

なお1935年12月の大改定で、ソ連陸軍[※1]戦車士官の勤務服、野戦服の色はスチール・グレーと定められた（他の兵科はカーキドラブ）。これは戦車部隊の重要性を広く認識させるのが目的であったが、1941年2月の改訂で廃止され、他の兵科と同じとされた。

※1　正式には、Рабоче-крестьянская Красная Армияの直訳で、労働者・農民の赤軍、労農赤軍、あるいは単に赤軍とも呼ばれる。

戦車帽(防水布製)

独ソ戦が始まる前までの
機甲科将校の襟章(兵科
章・少尉の階級章)
写真／ost-front.com

ソビエト陸軍 機甲科将校
ニコライ・イヴシュキン少尉

1941年8月に制定されたサブデュード
(低視認)タイプの野戦服用襟章の台
布をつけたM1935ギムナスチョルカ
写真／Leibstandarte.com

　イラストは劇中前半、T-34の車長としてドイツ軍の戦車中隊を迎え撃つイヴシュキン少尉のスタイリング。1935年制定の「ギムナスチョルカ」と呼ばれるカーキ色野戦服と、対になる同生地製のブリーチ型トラウザーズ(シャロバリ)を着用。

　野戦服はプルオーバー(被り式)で、襟は金属フックで留める折り襟、胸元は比翼式(※)の隠しボタンで閉鎖する。胸の左右にはフラップ蓋付き貼り付けポケットが備わっている。野戦服の襟には1941年8月に制定されたばかりの新型襟章を縫い付けている。これは1935年制定の襟章から兵科色を省き、真鍮に赤のエナメル塗りだった金属製徽章をOD系の色調に統一したサブデュード(低視認)タイプ。機甲学

M1935
「ギムナスチョルカ」
野戦服

M1935
士官用ベルト

戦車搭乗員用コート

校を卒業したばかりでこれが初の実戦となるイヴシュキン少尉と、フルカラーの旧式襟章を着用したままの上官、部下となるT-34乗員たちとの対比にもなっている。野戦服の下には、防寒のためかハイネックのセーター(おそらく私物)を着込んでいる。

　野戦服の上に羽織ったコートは戦車搭乗員用のハーフ丈コートで、少尉着用のものはカーキ色の防水布製。機械油や排煙などでかなり汚れてしまっている。戦車搭乗員用コートは黒革製や黒色もしくはカーキ色の防水布製のものなどがあり、胸ポケットや袖口を絞るストラップの有無などデザインにいくつかのバリエーションがあった。前合わせはダブルで、「星と鎌とハンマー」がモールドされた金属製ボタンで閉鎖する。本来であれば左右の襟の先端に菱形の襟章が付くはずであるが、劇中、少尉は車長を任されるまではベージュ色の羊革製士官用コート(ポルシューボク)を着用していたので、このコートは現地で急遽貸与されたものではないだろうか。

　ヘッドギアは戦車帽。飛行帽に似たデザインの頭巾で、車内で搭乗員の頭部を保護するための「クッションパッド」が各部に備わっている。戦車帽もまた黒や茶色の革製、黒やカーキ色の布製があり、クッションパッドや各部のストラップの形状などディティールの異なるバリエーションが存在した。少尉着用のものは黒い防水布製で、内側に白いボア素材が備わった防寒タイプ。顎の下は、他の乗員が被っている金具とストラップで閉鎖する一般的なものと異なり、二つ×2列に配置されたボタンとボタンホールが備わったストラップで閉鎖する。両耳当ての部分は金具とストラップで留めたフラップ状となっており、内側に無線のレシーバーを仕込むことが可能。ただし大戦初期の赤軍戦車で無線機を搭載したものは小隊長車、中隊長車などごく一部に限られていたため、戦車帽の多くは単に頭部の保護を目的として着用された。

　腰に巻いた茶革製のベルトは1935年型士官用野戦ベルト。左腰前から右肩を経由して背面に掛けてサポート用の斜革が備わったいわゆる「サム・ブラウン・ベルト」型で、金属製のバックルには「星と鎌とハンマー」が透かしモールドされている。

　ベルト右腰に装着しているのはトカレフTT-1930/33自動拳銃と予備弾倉1本を収納したホルスター。茶革製で、ホルスター側面には拳銃のメンテナンス時に使用する金属製のクリーニング・ロッドが装着されている。

※ 上前の打ち合わせを二重にし、隠しボタンや隠しジッパーにする仕立て。

トカレフ
TT-1930/33
自動拳銃用
ホルスター

M1935
「シャロバリ」
トラウザーズ

さらに独ソ戦勃発後の1941年8月には、全兵科で野戦服の襟章の兵科色の縁取りの廃止、徽章・ボタン類の光る部分を塗りつぶすことなどが定められ、見た目がいっそう地味になった。劇中で新米少尉であるイヴシュキンが着用しているのも、この地味なタイプだ。

頭には、内側にボアが備わった冬季用の戦車帽を被っている。

●クラウス・イェーガー大尉のスタイリング

全編を通じ、主人公の宿敵として立ちはだかるイェーガー。この戦車戦の時点での階級は大尉で、イヴシュキンとちがい（設定上の）所属部隊がドイツ国防軍陸軍第11装甲師団であることも明らかにされている。史実における第11装甲師団は、「タイフーン」作戦（※2）でモスクワの北西約40km地点まで到達しており、同作戦において最もモスクワに近づいた装甲師団のひとつだ。

Ⅲ号戦車の車長であるイェーガーは、1936年に制定された戦車服（PanzerFeldjacke）を着用。上衣はウール製で色は黒、ダブルブレストの前合わせで、腰丈までのスタイルだ。この時代の軍服としては珍しく、開襟での着用が標準となっていた。劇中でイェーガーが着ているのは、上襟の周囲に縫い込まれた兵科色（装甲兵科の色はローズピンク）のパイピングが廃止された戦時生産型で、兵科色は髑髏の襟章と肩章の周りのみとなっている。

上衣と対になるトラウザーズは、当時の民間向けスキー用パンツのデザインを基にしたゆったりとした仕立て。頭には1934年型将校用野戦帽を被り、その上に車内通話／無線通話用ヘッドセット（レシーバー）をつけ、首には送話用の咽喉マイクを装着している。

なお、イェーガーが搭乗するⅢ号戦車の砲塔上面前部には、対空識別標識という設定なのか、ハーケンクロイツ（鉤十字）がデカデカと描かれた旗が広げられており、本作における敵、悪役であることが一目で分かる演出となっている。

盗んだ戦車で走り出す大胆な脱走劇

ストーリー前半の戦車戦で負傷し、ドイツ軍の捕虜となったイヴシュキンと3人の乗員たちは捕虜収容所へ送られる。イヴシュキンは七度も脱走を試み

るがいずれも失敗。その度に拷問を受けるも、頑として名前と階級を明かさなかった。

時は流れて1944年、一命をとりとめ武装親衛隊（Waffen SS）の大佐に昇進していたイェーガーは、第12SS装甲師団の士官候補生の実弾演習の相手（標的）として、捕虜の中からかつての戦車兵を探していた。そして、ドイツ中部テューリンゲンの捕虜収容所でイヴシュキンを見つけ、卑劣な手段で演習への参加を承諾させる。

演習の相手といえば聞こえは良いが、イヴシュキンと3人の仲間（ヴァシリョノク軍曹ほかかつてのT-34乗員たち）に与えられたのは、ドイツ軍が鹵獲したT-34-85の車両のみ。弾薬はなく、出来ることといえば演習場内を逃げ回ることだけのはずだった。しかし、イヴシュキンらはドイツ軍の目を盗んで密かに6発の砲弾を手に入れ、危険を覚悟で演習に乗じての大胆不敵な脱走計画を企てる——

ストーリー後半は、T-34-85に乗って脱走し約300km先のチェコをめざすイヴシュキンたちと、それを執拗に追うイェーガーの戦車部隊の対決がメインとなる。この追跡劇におけるイェーガーの乗車はⅤ号戦車パンター（おそらくA型）で、赤外線暗視装置「ヴァンピール」も装備した優れもの。ロボットアニメで例えるなら、クールの途中で主人公とそのライバルが新型ロボットに乗り換えたようなワクワク感がある。

脱走したイヴシュキンたちは、ドイツ領内の町で調達した民間服に着替えるが、ここで着用するのは革製のハーフコート。あくまで民間服ではあるのだが、その着用シルエットはまさに赤軍戦車兵のそれ。おそらく制作側も意図してこの服を衣装としてチョイスしたのだろう。一方のイェーガー大佐の軍装スタイリングと、彼が武装親衛隊に籍を移している理由の考察については、イラストの解説の方をご覧いただきたい。

本作の公開前、戦争映画に詳しい人たちの間では、本作が1965年制作のソ連映画『鬼戦車T-34』（原題：Жаворонок）のリメイクではないかと噂されていた。確かに『鬼戦車T-34』と話の筋はそっくりだが、結論から言うと、シドロフ監督は戦時中の同

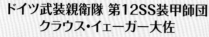

じ伝説をもとにしているものの、リメイクではないと述べている。『鬼戦車T-34』も現在はソフト化されているので、興味のある方は両作品を見比べてみるのも一興だろう。

それはそれとして、ロシア語で単に「ひばり」という意味の原題を見なかったことにして、まったく関係ない「鬼戦車」という邦題をつけた当時の配給会社のセンスは、かなりいい線いってると思う。

ドイツ武装親衛隊 第12SS装甲師団 クラウス・イェーガー大佐

イラストは劇中後半、国防軍陸軍（第11装甲師団）から武装親衛隊の第12SS装甲師団へ転属（出向?）したのちのイェーガー大佐の戦車搭乗時のスタイリング。

まず目を惹くのは独特な迷彩パターンが施された戦車服だ。これは「イタリア軍から分捕ったイタリア軍の迷彩布で仕立てたSS戦車服」という少々ややこしいアイテムだ。第12SS装甲師団は、第1SS装甲師団からベテラン将校を引き抜いて指揮官団とし、青少年軍事組織であるヒトラーユーゲント所属の青年を兵員として編成した部隊。いわば第1SS装甲師団が"兄部隊"に当たるのだが、この第1SS装甲師団は1943年、連合国に降伏したイタリア軍を武装解除する任に当たっていた際に、工場や倉庫から大量のイタリア軍資材を調達することに成功。この中に含まれていたのがイタリア陸軍のM1929迷彩テント(Telo Mimetico)とその原反で、第1SSおよび第12SS装甲師団や一部のSS重戦車隊の隊員向けに、その迷彩生地を使用した戦闘服やテントが製作・支給されている。イェーガー大佐の戦車服はその中の一つという設定だろう。

なお、第12SS装甲師団はその新編の際の指揮官不足を補うため、陸軍からもベテラン将校を迎え入れていたという事実がある。独ソ戦の開戦当初は陸軍大尉だったイェーガーが、44年には武装親衛隊で指揮官となっているという設定も、あながちデタラメではないのだ。

イェーガー大佐のイタリア迷彩戦車服は、黒/グレーのウール製SS戦車服や"エンドウ豆"迷彩が施された44年型SS迷彩戦車服とほぼ同様の仕立てとなっている。前合わせが深く重なるダブルブレストの短ジャケットで、狭い車内での行動時や被弾脱出時の不測の引っ掛かりを防ぐためにポケット類は無し、肩章用などを除いてほぼ全てのボタンが隠しボタンとなっている。

徽章類は左袖のSS国家鷲章・肩章(SS大佐)・襟章(SS大佐)・略綬リボン類を黒色戦車服に準じて縫い付けているが、厳密にはこれは服制違反。SS迷彩服には国家鷲章と迷彩服用に規定された簡易型の階級章以外の徽章類は着装しないこととされていたが、前線の将兵にこの規則が厳密に守られることは稀であった。

徽章類で一点、不可思議なのが肩章。SS大佐の階級を示すものだが、肩章の周囲に施された兵科色は擲弾兵(歩兵)科の「白」となっている。副官のティーリケSS大尉(44年型SS迷彩戦車服を着用)の肩章も同様。劇中前半の陸軍大尉の際の肩章は正しく装甲兵科を示す「ローズピンク」となっているので、単なる考証ミスなのか、何らかの意図があってのスタイリングなのかは不明。

戦車服の下には、グレーの襟つきニットシャツを着用。首元には騎士鉄十字章をリボンを用いて佩用している。

ヘッドギアは、通常のSS将校用の制帽から銀糸織りの顎紐(あごひも)飾りを取り外し、クラウン部内側の型崩れ防止ワイヤーを抜いた上から無線ヘッドセットなどを着用しやすくしたカスタムモデル。このタイプのヘッドギアは俗に「クラッシュキャップ」とも呼ばれ、元々は制帽とは別に将校用の野戦帽として制定されていたもの。その後、新型の舟型野戦帽の採用により大戦初期の段階で廃止されていたが、そのスタイルの良さから、一部の野戦将校は本国でオーダーした私物や通常の制帽を野戦帽風に改造したものを着用していた。

クラッシュキャップの上から着用しているのは、車内通話/無線通話用のヘッドセット(レシーバー)。喉の左右に取り付けているのは声帯の震えを直接拾って音声として送話するための咽喉マイクで、通常、レシーバーとセットで使用される。

腰のベルトは黒帯革と円形の金属製バックルからなるSS将校用ベルト。ベルトの右腰部にはP38自動拳銃用のホルスターを装着している。

SS将校用野戦帽
（制帽を改造したもの）

車内通話／無線通話用
ヘッドセット

騎士鉄十字章
襟章（SS大佐）

肩章
（歩兵科? SS大佐）

二級
鉄十字章
受勲リボン

略綬リボン（左から二級戦功十字章・東部戦線従軍章・防衛名誉章）

SS国家鷲章

P38自動拳銃用ホルスター

SS将校用
ベルト

"イタリア迷彩"
SS戦車服

将校用乗馬型
トラウザーズ

将校用ブーツ

アメリカ陸軍戦車兵のユニフォーム

2014年の公開後、ミリタリーファンの間で話題となった『フューリー』は、これまでの第二次大戦もの映画にありがちな、ステレオタイプな「正義のアメリカ兵」の描写から一歩も二歩も踏み込んだ作品だ。軍事考証も徹底しており、戦車だけでなく、登場人物の軍装にもこだわりが込められている。

1945年4月の西部戦線、アメリカ陸軍第2機甲師団隷下のL-1戦車小隊はドイツ領内を東へ進撃していた。そんななか、"ウォーダディー"（戦争親父）のあだ名をもつベテラン戦車長ドン・コリアー軍曹が指揮するM4中戦車"FURY"に、補充兵としてノーマン二等兵が着任する。ノーマンを迎え入れた"FURY"は小隊の僚車とともに最前線にいる歩兵B中隊の救援に向かうが、その先には想像を絶する過酷な戦場が待ち受けていた──

米陸軍の戦車兵を象徴するユニフォームといえば、「タンカースジャケット」と呼ばれるカーキ色の防寒ジャンパーが有名だ。これは俗称で、正式名称は「ウインターコンバットジャケット」という。このジャケットと対になる「ウインターコンバットトラウザーズ」（オーバーオール型パンツ）と「ウインターコンバットヘルメット」（戦車兵用ヘルメットの下に着用できる防寒フード）、この三つで一揃いとなっている。

米陸軍の機甲部隊用ユニフォームの開発は1941年に開始され、翌42年に支給が開始された。以降、初期型およびその改良型が主に欧州戦線の戦車兵らに支給され、米軍戦車兵の"顔"として着用し続けられた。

なお、開発されたのは冬季用のものだけで、夏季は既存のHBT（※1）コットン生地製ワンピース型作業服などを流用することとされた。この他、車内で着用する耐衝撃ヘルメットや車内通話用のマイク類、ゴーグルなどが存在する。

●ウインターコンバットジャケット

防風・撥水性を備えた明るいカーキ色のコットンツイル生地製のシェルと、粗いウール製の内張りからなる腰丈のジャケットで、襟・袖口・裾はウールニット製。狭い車内で乗員の行動の妨げにならないよう身体にフィットしたシルエットとなっている。前合わせは金属製ジッパーで閉鎖する。バリエーションは、1941年2月制定の初期型と42年1月制定の後期型の二種が存在する。大きな違いは腹部のポケットのデザインで、初期型は貼り付けポケットなのに対し、後期型は切れ込みポケットとなっている。

本来は機甲部隊将兵向けの限定支給品であったが、垢抜けたシルエットは多くの米軍兵士に好まれ、支給対象外の部隊の兵士も様々な方法でこのジャケットを入手し、着用していた。

●ウインターコンバットトラウザーズ

ジャケットとペアで着用される防寒オーバーオール。素材はコットンツイル生地のシェル＋ウール製内張り。下半身から胸元までをカバーし、着脱が容易なように胸元から股間部までをジッパーで閉鎖する。腰ベルト類はなく、両肩に備わったサスペンダーで両肩に吊るようにして着用した。ODウールトラウザーズの上に着用するのが前提なので、比較的ゆったりとした仕立てとなっている。腰部側面のジッパー式スリットを開くことで中に穿いたトラウザーズのポケットにアクセスできる。

バリエーションは初期型ジャケットと同時に採用された1941年型と、初期型では縫い付け固定されていたサスペンダーを金具を用いた脱着式にし、下腹部に用を足すための小さなジッパー式スリットを追加した42年型が存在する。

●ウインターコンバットヘルメット

「ヘルメット」という名称ではあるが、実際には飛行帽のようなデザインをした一種の防寒フード。ウール製の1941年型と、ジャケットと共生地で裏地の付いた一般的な42年型が存在している。首筋部分のフラップが長く、本来はこのヘルメットを被った上からジャケットを着用することで首筋がジャケットと一体化して防寒性を高めることを目的としてい

※1　HBTは "Herringbone Twill" の略で、丈夫な杉綾織りのこと。

アメリカ陸軍 第2機甲師団
第66機甲連隊第4大隊
第3中隊第1小隊
(L-1戦車小隊)"FURY"車長
ドン・コリアー二等軍曹

た。しかし、戦場ではヘルメットに
染み込んだ雨水がジャケット
の背中に流れ込むという欠
点が露呈し、実際にはこの着
用法はほとんど行われなか
った。1943年には
廃止され、一般兵
用と共通の防寒パ
イルキャップに統

兵用ODウールシャツ

初期型
ウインターコンバットジャケット
(通称タンカースジャケット)

手榴弾セイフティリング

貼り付けポケット
(初期型の特徴)

第2機甲師団
袖用部隊章

二等軍曹
(S/Sgt.) 階級章

S&W M1917リボルバー
(私物)

茶革製ショルダーホルスター
(私物)

ODウールトラウザーズ
(通称マスタードパンツ)

騎兵部隊用レギンス付き
乗馬ブーツ

一見するとスタンダードな米陸軍戦車兵のそれに見えるが、随所にベテラン戦車兵の証となるようなアイテムが盛り込まれている。

タンカースジャケットは1941年制定の初期型で、前面左右の貼り付けポケットが後期型との目立つ相違点。袖口のウールニットやジッパー閉鎖の前合わせは、防寒目的と並び引っかかり防止を目的に採用されたもの。車内のスイッチ類の誤操作防止はもちろん、被弾炎上した際の緊急脱出の妨げにならない、という点も重要な要素だ。袖の第2機甲師団の袖用部隊章と二等軍曹の階級章は、周囲を太い白糸で「X」を描くように縫われている。一見乱雑なようだが、これは当時の米軍規格に則った正式な縫い方だ。

前合わせのジッパー金具にはMk.2手榴弾のセイフティリング(安全ピン)のみを取り付け、手袋をした状態でも脱着しやすいよう工夫されている。各部には補修の跡があるが、一番大きなものは右袖下の大きな当て布。おそらく戦車長ハッチから胸から上だけを出して肘をつくポーズを続けた結果、車体と擦れてついたダメージを補修したものだろう。

タンカースジャケットの下に着込んだODウールシャツは、1942年に制定された俗に「野戦用」「スペシャルモデル」と呼ばれるタイプ。それまでの紳士用ワイシャツ仕立ての勤務服用ウールシャツから台襟や前立て、エポレット(肩章)などを省き、開襟状態でも着用できるように襟の仕立てを変更したもの。前合わせ内側には、開いた襟元から糜爛(びらん)性毒ガスの流入を防ぐための「ガスフラップ」と呼ばれるパーツが付いており、これが「野戦用」シャツ最大の特徴なのだが、前線の兵士にとっては邪魔なものでしかなく、大半の兵士は無視するか切り取ってしまっていた。

ブーツは騎兵部隊用のもの。踝(くるぶし)丈の編み上げブーツと革製ストラップで留めるレギンス部が一体化したデザインとなっている。

私物の茶革製ショルダーホルスターは入隊前にテキサスで入手したという設定のもので、ショルダーストラップにカービングが施された凝った作りだ。収納するS&W社製M1917リボルバー拳銃もおそらく私物。グリップパネルは下に挟み込んだ女性の写真が透けて見えるクリアー色。これは航空機のキャノピーなどから切り出したアクリル樹脂を磨いて作ったもので、俗に「スイートハートグリップ」などと呼ばれた。

ウインターコンバットヘルメット（42年型）の左側面。首筋部分のフラップが長いのが特徴である　写真／paratrooper.fr

タンカースヘルメットの右側面。エクストリームスポーツ用ヘルメットのような形状で、耳当てに無線機のイヤホンをはめ込むことができる　写真／IMA

合された。劇中では、L-1戦車小隊僚車の乗員がタンカースヘルメット（後述）のドに被っている。

●タンカースヘルメット

　機甲部隊用の耐衝撃ヘルメット。戦闘室内で乗員の頭部を保護するため、厚紙と革を樹脂で固めた通気穴付きのシェルと耳あて・首あて、革製のライナーやチンストラップから構成される。ペリスコープや照準器を覗き込む際に邪魔にならないよう鍔はなく、全体的に頭部にフィットした形状となっている。耳あて中央の穴には車内通話用のR-14イヤホンをはめ込む事が可能。

　シェルの両サイドには板バネを革で包んだ細長いパーツが備わっているが、これは着用時に耳あて（の中のイヤホン）を耳に密着させるためのもの。戦場写真ではこのパーツをはね上げて2本の角のようにして着用している戦車兵の例も多い。

　ハッチから身を乗り出しての戦闘時や下車戦闘時には、タンカースヘルメットの上から一般地上部隊用のM1スチールヘルメットを重ねて着用することができ、これは劇中でもコリアー軍曹が対戦車砲陣地への攻撃時に行っている。

"FURY"の各乗員の軍装

　"FURY"の5人の乗員は、同じ戦車兵でありながら各人各様の軍装を身につけている。「軍装の微妙な違いで、キャラクターの個性を際立たせる」というテクニックは、映画『プラトーン』や『プライベート・ライアン』などでも見られる技法だ。ここからは各乗員の軍装の着こなしや特筆すべき部分などをピックアップして解説しよう。

●ドン・コリアー軍曹

　1941年制定の初期型タンカースジャケットを着用し、古参兵であることを印象付けている。ジャケットの下には、バイブル技術伍長やゴルド伍長と同じ兵用の42年型ODウールシャツを着用している。これは従来の勤務服用ウールシャツのデザインを簡素化し、開襟状態でも着用できるように襟の仕立てを変更したもの。

●バイブル技術伍長／ゴルド伍長

　この二人は、タンカースジャケットとODウールシャツの間にそれぞれ別のHBTジャケットを着込んでいる。バイブル技術伍長（※2）のものはM1943HBTジャケットをベースに、ウエストバンドとそれを留める二つの縫い付けボタン、袖口のカフスバンドなどを追加し、旧型のM1942型HBTジャケット風に仕立て直した改造品。ゴルドのHBTジャケットも特殊なもので、M1942HBT迷彩ジャケットの改造品を着用。袖と裾を切断しベストのようにして着用している。

　パンツは俗に「マスタードパンツ」と呼ばれるODウールトラウザーズ。四つポケット勤務服（39年型サービスコート）とペアになるもので、野戦においても着用された。バイブル技術伍長はそのまま、ゴルド伍長はODウールトラウザーズの上からM1943HBTトラウザーズを重ね穿きしている。

●ノーマン二等兵

　ほぼ新品のM1943フィールドジャケットと同トラウザーズを着用している。特殊用途や気候ごとに別個に制定され、複雑化していたそれまでの野戦服体系を簡素化するために導入されたのがM1943で、戦車兵の着用例も多い。劇中ではノーマン二等兵のほか、L-1小隊長パーカー少尉も着用している。階級に士官と兵士の差はあれど、「実戦経験の乏しい、経験の浅い新兵」を印象づけるのに一役買っている。

●フットギア

　5人の乗員のフットギアもバラエティに富んでいる。コリアー軍曹のブーツは本来騎兵部隊用のもの。バイブル技術伍長は踝丈の編み上げブーツに、布製のM1938レギンスを巻いた最もオーソドック

スなスタイル。ノーマン二等兵は新兵らしく、最新の
M1943コンバットブーツ（通称2バックルブーツ）
を着用している。

●その他の装備品

　コリアー軍曹の私物ショルダー
ホルスターには、M1917リボルバー
ー拳銃を収納。ブーツ右足のレギン
ス部にはドイツ軍用の格闘用ナイ

フが挿し込まれており、映画冒頭のドイツ軍将校を
単独で襲撃する際などに使用している。

　バイブル技術伍長はタンカースジャケットの下に
茶革製のM3ショルダーホルスターを
たすき掛けに装備。M1911A1
自動拳銃を収納している。
　ゴルド伍長は"戦利

**第2機甲師団第41機甲歩兵連隊
第1大隊第2中隊（B中隊）第1小隊長
マイルス三等軍曹**

兵用ODウールシャツ
（襟元は帯紐留め）

M1カービン用スリング

茶革製兵用ギャリソンベルト

M1936ピストルベルト

M1カービン用弾倉パウチ

M1912騎兵用ホルスター
（M1911A1自動拳銃用）

.30口径M1カービン

ドイツ空軍
パイロット用
レザージャケット

軍曹（Sgt.）
階級章

ホイッスル
ランヤード
チェーン

M1カービン用
弾倉パウチ

M1910水筒

M1943HBT
トラウザーズから
移植した
カーゴポケット

ODウールトラウザーズ
（通称マスタードパンツ）

　戦車兵たちに焦点を当てた本作だが、戦車兵以外で特に目を惹く活躍をしていたのがB中隊第1小隊の小隊長、マイルス軍曹。クリント・イーストウッドの息子スコット・イーストウッドが演じていることもあってか、脇役のなかでは破格の高待遇（?）となっている。
　マイルス軍曹の茶革製ジャケットはドイツ空軍パイロット用のもの。捕虜となったパイロットから取り上げたものか、もしくは占領したドイツ空軍施設から調達したものだろう。左胸には4か所、糸カガリのループが確認できるが、これは本来ドイツ軍の金属製徽章を取り付けるためのもの。位置的におそらく一級鉄十字章と空軍パイロット章を取り付けていた痕跡だ。左胸ポケットの金属ジッパーヘッドにはホイッスル用チェーンを繋ぎ、ホイッスル本体は左腰部のフラップ付きポケットにフラップごと突っ込んでいる。両袖には米陸軍の階級章（Sgt.：三等軍曹）を縫い付けている。
　ジャケットの下には兵用ODウールシャツを着込んでいるが、長期間の着用でボタンが飛んでしまったのか、なんと革紐で胸元を編むようにして閉じている。また、ODウールトラウザーズの太腿両サイドには、M1943HBTトラウザーズのカーゴポケットを縫い付けているため、色味が大きく異なっている。
　その他、1942年にはすでに廃止されていた勤務服用ギャリソンベルトをトラウザーズベルトの代用とし、騎兵用のM1912ホルスターを吊るすなど、かなりの"傾奇者"っぷりが伺えるキャラクターだ。

品"であるドイツ陸軍のベルトを腰に巻き、ワルサーP38を専用のホルスターに収納して下げている。

　個人的に最も興味深かったのが、タンカースヘルメットに取り付けたゴーグルだ。M1944ダストゴーグルやM1938レジストルゴーグル、AN6530航空用ゴーグルなど、5人の乗員がそれぞれ異なるものを着けているのだが、肝心のコリアー軍曹のゴーグルは、なんとソビエト赤軍(！)の車両搭乗員用ゴーグル。東部戦線に従軍したドイツ兵がソ連兵から奪い、そのドイツ兵が西部戦線に転戦してコリアー軍曹が奪ったもの…と想像すると、アイテム一つにもドラマを感じずにはいられない。

L-1戦車小隊"FURY"乗員
トリニ"ゴルド"ガルシア伍長(操縦手)
グレイディ"クーンアス"トラビス伍長(装填手)

イラスト左のゴルド伍長は、タンカースジャケットの下にM1943HBT迷彩ジャケット改造のベストを着用。俗に「フロッグスキン」「ダックハンター」と呼ばれる斑点迷彩の戦闘服は、ドイツ武装親衛隊の迷彩服と誤認される事故が頻発したことから欧州戦線での着用例は、第2機甲師団と第30歩兵師団の一部兵士のみに限定的に支給されたもの。ゴルドはタンカースジャケット、迷彩ベスト両方の背中に大きくサインペンで自分のニックネームを描き入れている。

パンツはODウールトラウザーズの上から、防寒とウール素材の保護を目的にM1943HBTトラウザーズを重ね穿きしている。左ヒザの大きな破れ穴から下に穿いたODウールトラウザーズの生地が覗いているのでそれが分かる。

腰の黒革ベルトはドイツ陸軍下士官兵用ベルトとバックル。ホルスターはワルサーP38自動拳銃のもの。ルガーP08やワルサーP38といったドイツ軍用ピストルは「ウォー・トロフィー」(戦利品)としてアメリカ兵の間で人気のあるアイテムだった。

イラスト右のクーンアス伍長のユニフォームで目を惹くのは、ウインターコンバットパンツ(タンカースオーバーオール)で、これは1942年制定の後期型。狭い車内での装填や砲弾の信管調整といった作業の妨げになるためか、ヘルメットにゴーグルは装着していない。ゴルド伍長と共にヒモで首から下げている一見カギのようなものは、SW-141-V通話スイッチボックスを首から下げるためのクリップ。首に巻いたT-30-V咽喉マイクを接続したスイッチボックスは、このクリップによって胸元の高さに固定される。

M1941HBTキャップ

T-30-V咽喉マイク

兵用ODウールシャツ

M1942HBT迷彩ジャケット（改造しベストとして着用）

伍長(Cpl.)階級章

後期型ウインターコンバットジャケット（通称タンカースジャケット）

M1943HBTトラウザーズ

ワルサーP38用ホルスター

ドッグタグ（認識票）

SW-141-V通話スイッチボックス用クリップ

ドイツ陸軍下士官/兵用ベルトバックル

タンカースヘルメット

R-14イヤホン（耳当てにはめ込み）

ウインターコンバットトラウザーズ（通称タンカースオーバーオール）

ベトナム戦争映画の超大作

『トロピック・サンダー』は、1969年のベトナムで秘密裏に行われたアメリカ陸軍精鋭部隊による捕虜奪還作戦を、ジョン "フォーリーフ" テイバック軍曹の視点で書き綴った回顧録が原作となった映画だ。ハリウッドが誇るトップスター3人の夢の競演が話題となったことは記憶に新しい。監督が撮影中の事故で亡くなる等の不幸もあったが、最終的に興行収入4億ドル、アカデミー賞8部門受賞となった超大作だ。

――と、この辺で担当編集さんに怒られそうなのでネタ晴らしを。いまの文章、全部ウソです……いや、全部というのは正しくないな、これが今回取り上げる映画『トロピック・サンダー 史上最低の作戦』の基になる設定なのだ。

というのもこの映画、言わば「ハリウッドの戦争映画製作の舞台裏」を描いたもので、登場人物も例えば「原作本『トロピック・サンダー』の著者フォーリーフ軍曹を演じるタグ・スピードマンという最近落ち目のアクション俳優を演じるベン・スティラー（←実在の映画俳優）」という感じで非常にややこしい。

フォーリーフ軍曹の自伝を基にした戦争映画を撮るべく、ベトナムのロケ現場に集結したちょっとクセのある5人の役者たち。最近落ち目のアクション俳優スピードマン、人気コメディアンだが実は麻薬中毒者のポートノイ、黒人役になりきるため皮膚整形までして撮影に臨む演技派（役者バカ）のラザラス、黒人ラッパーのアルパ・チーノ、生真面目な新人のサンダスキー。彼らのわがままや火薬マニアの爆破エフェクト技師に振り回され、映画の予算はわずか5日で底を付いてしまう。

プロデューサーの怒りを買った5人の役者と監督はベトナムのジャングルに置き去りにされ、監督は間もなく地雷を踏んで爆死。実はそのジャングルは、アジアの覚醒剤密造組織「フレイミングドラゴン」の支配地域だったのだ――

ベトナム戦争映画的に "正しい" 軍装

この映画で、ベトナム戦争時代のアメリカ兵役として登場する役者5人は、同じ部隊に所属していながら、それぞれ一目で見分けがつく軍装となっている。これは「ちょっとずつ違う格好をさせることで見分けをつけやすくする」という「ベトナム戦争映画あるある」の一つ。

新兵はマニュアル通りのカチッとした着こなし、ベテラン軍曹は着崩し＆私物アイテム多め、ヘルメットカバーに落書きしたスローガンでも一目で「好戦派」か「嫌戦派」か判別がつく…というように、兵士としての背景やパーソナリティも伺えるようになっている。

実際に、ベトナム戦争時代のアメリカ兵は戦争の長期化・泥沼化から着崩しや軍服の改造を広く行っていたので、再現度を高めるという実務的な利点もある。本作でのそうした例を、次の主要3キャラで見ていこう。

●タグ・スピードマン

まずはこの映画の（実際の）製作者であり、監督・脚本・主演もこなした俳優ベン・スティラーが演じる俳優タグ・スピードマンが演じるフォーリーフ軍曹（ややこしい！）の軍装から見ていこう。これがまた全体的にやりすぎというか、「ベトナム戦争映画の見過ぎ」的なスタイリングになっているのが面白い。

まず目を惹くのが、素肌の上に直に羽織った通称M1969ボディアーマー。ケブラー繊維シートを何層も重ねた耐弾材をナイロン製のシェルに封入したベストで、首元を防護するための襟が備わっている。対破片防護用なので、小銃弾などを防ぐ防弾機能はない。

なお、劇中ではアルパ・チーノ（黒人兵モータウン役）も似たタイプのベストを着用しているが、こちらはM1952Aと呼ばれる旧型。襟部パーツがなく、両肩に肩章型ストラップが備わっている。

身につけている装備は、ベトナム戦争時代に一般的だったM1956個人携行装備を中心に構成したも

の。個々のアイテムの紹介はイラストの解説に譲るが、特筆すべきはウエストベルトで、旧型のM1936ピストルベルトのOD色仕様（M1943とも呼ばれる）を上下逆さまに着用している。劇中では5人全員この着用法なので、おそらく小道具係がよく確認せずに装備を組み上げたのだろう。

また、大半のベトナム戦争映画では、当時の実物であるライトウェイトリュックサックやトロピカルリュックサックが入手困難でかつ複製品も無いため、1980年代に登場した似た形状のALICE装備のLC-1リュックサックなどで代用して茶を濁している。ところが、本作でスピードマンが背負っているのは、なんと現用

トロピック・サンダー小隊 ジョン"フォーリーフ"テイバック軍曹

ラペリング用カラビナ

M1956"H型"サスペンダー

M67破片手榴弾

海兵隊用Ka-Barファイティングナイフ

コルトAR-15スポーターⅡカービン

①

M18発煙手榴弾

映画の台本（撮影シーンリスト）

❶M1969ボディアーマー
❷M1956汎用弾薬パウチ（M1936ピストルベルトに装着）
❸ドイツ連邦軍用山岳リュック

②

③

トロピカルコンバットユニフォームトラウザーズ

M1942マシェット（山刀）

ロープ

イラストはフォーリーフ軍曹役のスピードマンのスタイリング。素肌の上に直接M1969ボディアーマーを羽織り、パンツはトロピカルコンバットユニフォームのトラウザーズをはいている。M1956"H型"サスペンダーの左胸ストラップ部には縦に海兵隊用のKa-Barファイティングナイフをダクトテープで装着している。ピストルベルト右腰前に装着したM1956汎用弾薬パウチは本来M16アサルトライフル用ではなく旧式のM14ライフルやM1カービン用の弾倉を収納するためのもの。通常は左右二つで一組なので、スピードマンも劇中冒頭のシーンでは正しく二つ身につけていたが、中盤からは片側（右腰）のみ。左腰パウチの位置には代わりに黄色い表紙の映画『トロピック・サンダー』の台本をベルトに挟み込んでいる。手にした軍用リュックサックはドイツ連邦軍用山岳リュック。

トロピック・サンダー小隊 ファッツ機関銃手

　イラストはトロピック・サンダー小隊の機関銃手、ファッツのスタイリング。M1969ボディーアーマーにM60軽機関銃、M72A2対戦車ロケットランチャーというかなりの重装備。左腰背面の水筒カバーは旧式のM1910だが、第二次大戦中期以降に製造されたOD色のタイプは俗にM1943とも呼ばれている。水筒カバーに収まった水筒本体は、どうやら軍用に似た形状の民生品のようだ。

M1969ボディーアーマーの正面。前合わせのジッパーは開閉式で、フラップはドットボタンで留める
写真／IMA

ベトナム戦争時代のM1956
個人携行装備のセット
写真／AliExpress

M1ヘルメット

トロピカル
コンバット
ユニフォーム

M72A2対戦車
ロケットランチャー

ドイツ連邦軍用山岳リュック

M1910水筒カバー
（OD色タイプ）

M26
破片手榴弾

M1956汎用弾薬パウチ

M67破片手榴弾

M60軽機関銃

のドイツ連邦軍山岳兵用のリュックサック！　他国軍の装備を持ってくるのは意外だが、一見するとそれほど違和感がないのは見事。こういった思い切りのよさもハリウッド的といえるだろう。

　携行するライフルはコルトAR-15スポーターⅡカービン。これもベトナム戦争"映画"マニアをニヤリとさせるチョイスだ。スポーターⅡは、15インチ（38㎝）銃身のM16アサルトライフルの民間向け短縮モデル。この銃は映画『プラトーン』でバーンズ曹長、エリアス軍曹の愛銃として登場したコルトM653カービン（※1）へのオマージュだろう。

　そもそもコルトM653は、ベトナム戦争時代に存在していなかったモデルなのだが、『プラトーン』ではバーンズたちのキャラ付けのため、一般兵の持つM16とは異なるベテラン向けの特別モデルとして登場した。こういったオマージュが各所に散りばめられているのもこの本作の見所の一つだ。

●ジェフ・ポートノイ

　お次は俳優・歌手であるジャック・ブラック演ずる麻薬依存症のお下劣コメディアン、ジェフ・ポートノイ（ファッツ役）。恰幅のいい体格からマシンガンナー（M60機関銃手）を任せられている。

　M1ヘルメット、「ジャングルファティーグ」の名称で知られるトロピカルコンバットユニフォーム、その上に重ね着したM1969ボディアーマー、M1956個人携行装備など、彼のスタイリングは比較的実際のアメリカ兵のそれから大きく逸脱していない。

　身体に襷掛けした機関銃弾ベルトは、手にしたM60軽機関銃用の7.62×51㎜NATO弾100発ベルトリンク。泥汚れなどによる装填不良を防ぐため、アメリカ軍では防水処理された使い捨ての紙箱などに収納して携行するよう指示していたが、実際にはこのように剥き出しのまま携行されるケースがほとんどだった。

　バックパックはやはりドイツ連邦軍の山岳兵用リュックサックで、フラップの下にM72A2対戦車ロケットランチャーを挟み込んでいる。

●カーク・ラザラス

　最後は俳優ロバート・ダウニー・Jr.演じるオーストラリア人俳優ラザラス（黒人兵オサイラス軍曹役）のスタイリング。彼は冒頭の撮影シーン以外、銃身を切り詰めたイサカM37ショットガンとコルトM1911A1で武装している。

　軽装であるため、トロピカルコンバットユニフォームに縫い付けられた徽章類がよく確認できる。左肩部の部隊章はこの映画オリジナルのもの。羽根の生えた髑髏の目から稲妻が伸びた図案で、「トロピック・サンダー」部隊章という設定だろう。

　一方、右肩には第1騎兵師団の部隊章を縫い付けているが、これは「以前に所属し、その部隊で実戦に参加した」場合にのみ着用が許される規定に基づいている。左胸に着用したマスタークラスのパラシュート降下章や歩兵戦闘章といい、三等軍曹でありながらなかなかの経歴の持ち主であることが伺えるのだ。

　襷掛けにした黒革製のショットシェル（装弾）用バンダリアは恐らく私物。それをピストルベルトに挟み込んでバタつき防止としている。M1ヘルメットのカバーには黒サインペンで"BLACK POWER"の文字や突き上げた握りこぶし、黒いヒョウのイラスト（※2）が描かれているが、これは身も心も1960年代当時の黒人兵に成り切ったラザラスの役者魂の表れだろうか？

必見のフェイク・ドキュメンタリー

　この映画を語る上で外せないのは、なんといっても『レイン・オブ・マッドネス』の存在だ。これは劇中劇『トロピック・サンダー』という映画が実在したものとして、その撮影過程をドキュメンタリー風に撮ったフェイク・ドキュメンタリー作品。

　そもそもこのタイトル自体『地獄の黙示録』（79）撮影の裏側を描いたドキュメンタリー『ハート・オブ・マッドネス』のパロディであろう。撮影半ばで爆死したコックバーン監督の意思を継いで、彼の友人であったドイツ人監督ヤン・ユルゲンが一本の作品に仕上げた、という態になっている。

　注目すべきは、やりすぎ演技派俳優のカーク・ラザラス。彼は黒人兵オサイラス軍曹という"役"に入り込みすぎた結果、オサイラスの実の家族に暴言を吐いたり、テキサスの実家の庭でベトコンを捜索したりと明らかに様子がおかしくなっている（笑）。

　映画冒頭のやたら完成度の高いウソCM＆ウソ映画予告編（※3）、超豪華なカメオ出演陣、散りばめ

られた既存作品のパロディ、ハリウッドという映画業界そのものへの皮肉等々、「戦争映画」という枠を超えて楽しめる本作。DVDやブルーレイなら『レイン・オブ・マッドネス』も特典映像として収録されているので、ぜひ本編とセットで観ていただきたい。

「軍曹」金属製階級章

徽章類(上から)
・歩兵戦闘章
・パラシュート降下章
・アメリカ陸軍章

「トロピック・サンダー」
部隊章

12ゲージショットシェル用の
黒革製バンダリア

イサカM37ショットガン

M1936ピストルベルト
(OD色タイプ)

M1916ピストルホルスター
(M1911A1自動拳銃を収納)

M1910
水筒カバー
(ODタイプ)

M1ヘルメット

トロピック・サンダー小隊
リンカーン・オサイラス軍曹

　イラストはオサイラス軍曹のスタイリング。ショットシェルのバンダリアを襷掛けに着用するのに不都合なのか、M1956"H型"サスペンダーを使用せずピストルベルトを直接腰に巻いている。
　手にしたショットガンはイサカM37で、レミントンM870などと共にベトナム戦争で広く使用された。装填と排莢をフレーム下面の同一の開口部で行うため、側面に排莢ポートがないのがM37の特徴となっている。また、携行しやすいように銃身やストックを切り詰める改造がなされている。銃身先端のチョーク部(散弾の散布範囲を決めるしぼり)も切り落とすため、発射された散弾が拡散し、より近距離戦闘用になるという効果もある。黒革製のM1916ピストルホルスターにはコルトM1911A1自動拳銃を収納。M1936ピストルベルトは向かって右側に調節金具、左側に予備弾倉用パウチを留める円形の金属ホックが見えることから、上下逆さまに着用しているのが確認できる。
　肩に縫い付けた部隊章ワッペンはSSI(ショルダースリーブインシグニア)と呼ばれるもの。SSIは通常、師団や旅団、連隊などある程度の規模の部隊にのみ制定され、小隊・中隊レベルで製作される非公式な部隊章は胸のポケット上に縫い付けるのが一般的だった。

軍装がヤバイ（色んな意味で）！

担当編集さんとの打ち合わせでたまたまタイトルが挙がったこの映画、筆者は未見だったけど、多分なんか『ジュラシック・パーク』的なアレで現代に現れた巨大ザルとそれを捕獲する傭兵部隊的なアレがアレするって映画でしょOKOK……と勝手に思い込んで視聴してみたら、まさかの第二次大戦の空中戦からのベトナム戦争ネタ。これはマジで予想外。

第二次大戦中の1944年、相討ちとなって南太平洋上の孤島、通称「髑髏島」に落下傘降下したゼロ戦（ぽい何か）とP-51ムスタングの日米パイロット同士が対決するシーンから物語が始まるのだが、まずここからツッコミどころ満載。

米軍パイロットはまずまずとして、日本の航空兵の軍装がヤバい。イヤーカップ付きの茶革製航空帽は強いて言えば陸軍ぽいし（撃墜された日本機が実は陸軍の一式戦だったりしたらそれはそれで正しいということになるのだが）、全体的になんか陸軍と海軍の航空装備が混ざってるような不思議な軍装になっている。

護身用のモーゼル自動拳銃には弾倉部分に変な茶色いパーツが追加されてて妙にSFチックな外観に。極めつけは日本刀。この刀は映画の後半で活躍することになるキー・アイテムの一つなのだが、いわゆる軍刀拵え（※1）ではなくシンプルな白鞘で、鞘を茶革製のサックに入れてリング状の吊り金具を取り付けてある。

伝家の日本刀の拵えを軍刀拵えにせず、軍刀として刀帯に吊れるように小改造を施しただけのものを携えて出征した実例は少なくないのだが、本来、刀身保管用の拵えである白鞘のままというのは聞いたことが無い。しかも柄にはネイティブアメリカン風？　の謎の装飾が施され、刀身に「運否天賦」の文字が右からの横書き（!）で彫られているというオリジナリティ溢れるスタイリングとなっている。

ツッコミどころ満載の大佐の軍装

日米トンチキ軍装対決は我が日本軍の圧勝ということで決着がついてから、時代は飛んで1973年。

ベトナムからの撤兵準備に慌ただしい米軍ダナン空軍基地。ここに展開する陸軍ヘリ部隊に、「髑髏島」の地質調査に向かうアメリカ政府の特務研究組織MONARCH（※2）メンバーの輸送と護衛任務が下命される。

この部隊の指揮官が、サミュエル・L・ジャクソン演じるプレストン・パッカード大佐。野戦服の襟や野戦帽に縫い付けられた階級章はどう見ても陸軍中佐のもので、執務室のドアプレートにも"LTC Preston Packard"（LTCは中佐を示す"Lieutenant Colonel"の略）とちゃんと書かれているのに、翻訳は日本語字幕・吹き替えともに「大佐」になっている。これはおそらく、米軍内での呼びかけではしばしば中佐も大佐と同じく"Colonel"になるという慣習を、日本語版スタッフが知らずに翻訳してしまったのだろう。

劇中で大佐が着用しているのは、四つの貼り付けポケットが付いたトロピカルコンバットユニフォーム（通称はジャングルファティーグ）。これ自体はベトナム戦争当時の米軍の最もポピュラーな野戦服の一つなのだが、大佐が着ているものはなんか変。肩章が付いてるし、背中にはM65フィールドジャケットに備わっているようなアクションプリーツがある。

肩章が付いたジャングルファティーグが存在しなかったわけではなく、俗に初期型・中期型として知られるものがそれに当たるが、それとは肩章の縫い込み方法が違うし、なんか全体的に生地が厚ぼったいのが見てとれる。薄手のジャングルファティーグというよりは、M65フィールドジャケットをジャングルファティーグ風に仕立て直したような奇妙な野戦服だ。

部下であるチャップマン少佐以下、部隊メンバーが着用しているのが普通のジャングルファティーグ（おそらく実物の軍放出品）であるだけに、ミリオタの目には悪目立ちしてしまう。何か特別な意図でもあるのかな？

パッカード大佐が髑髏島に向かう際には、パイロット用のカバーオール（つなぎ）を着ているのだが、こちらもツッコミどころが満載。いろいろ長くなるので詳細はイラストの解説にて。

※1　日本刀の刀身以外の外装を「拵（こしら）え」と呼ぶ。陸海軍でそれぞれ正式な「軍刀拵え」が制定されているが、それらに該当しない拵えの刀も戦地に多数持ち込まれた。
※2　1946年にトルーマン大統領が創設したという設定の架空の政府機関。

トロピカル・ホットウェザーハット

コルト社製
M1902自動拳銃

ノーメックス製
パイロットグローブ

大佐?の階級章
（正しくは中佐）

第3強襲ヘリコプター中隊
部隊章（映画オリジナル）

M1972/LC-1個人装備ベルト

USAFパイロット
サバイバルナイフ

アメリカ陸軍 第1航空旅団
第3強襲ヘリコプター中隊隊長
プレストン・パッカード大佐?

陸軍アビエーター章マスタークラス
写真／doverarmy

「騎兵科」兵科章

陸軍アビエーター
（操縦者）章
マスタークラス

第1航空旅団
部隊章（SSI）

アメリカ海兵隊用
CS/FRP-1ノーメックス
フライトカバーオール

ベトナム戦争時のアメリカ空軍パイロット用
サバイバルナイフ　写真／worthpoint

●パイロット用カバーオール
　イラストは、ヘリ部隊の指揮官として髑髏島に向かう
際のパッカード大佐のスタイリング。着用しているのは
パイロット用のカバーオール（つなぎ服）…なのだが、これ
はアメリカ海兵隊用のCS/FRP-1ノーメックスフライ
トカバーオールだ。
　ベトナム戦争時代の陸軍ヘリコプター搭乗員なら
空軍型のK2-Bフライトスーツか上下セパレートのノー
メックス製ホットウェザーフライヤーズシャツ／トラウ
ザーズ、もしくは地上部隊と同じジャングルファティーグ上
下の姿が一般的なのだが、よりにもよってなぜマイナー
な海兵隊用のCS/FRP-1？　しかも劇中のものは明ら
かにレプリカで「なぜこんなドマイナーな飛行服を？　そも
そも陸軍なのになぜ海兵隊用を？」という疑問とともに「わ
ざわざアレのレプリカ作ったのかよ！　どんな判断だよ！」と
いう謎の憤りも湧いてきてしまう。
　右胸には"PACKARD"の刺繍入りネームテープ。左胸
の"U.S.ARMY"テープはナイロン織出し製。その上の
陸軍アビエーター（操縦者）章は上部に月桂冠付きの
星が付く「マスタークラス」で、彼がベテランパイロット
であることを示唆している。
　右襟の階級章は黒い柏葉の刺繍パッチで「中佐」
を意味するが、ここでは「大佐」としておこう…。左襟
のクロスしたサーベルの刺繍パッチは「騎兵科」を
表す。現代の騎兵科はヘリコプターもしくは装甲
戦闘車両を装備した偵察部隊となっているので、
これは史実に基づいている。

影の薄い、語るべきことのない主人公

髑髏島の調査チームに「しがらみがないから」という理由だけで採用された案内／サバイバルアドバイザー役のコンラッド。いちおう本作の主役…らしいのだが。とにかく影が薄い。

元SAS大尉（※3）で、現在は傭兵、撃墜された米軍パイロットを12人救出した腕を買われた…と劇中で語られるが、重要な捜索救難任務をいち民間人に任せるなよ！　劇中で全く活かされていない元SASという設定も、単にコンラッドを演じるトム・ヒドルストンが英国人だからってことで何となく決めた設定ぽい。

スタイリングにも特筆すべきことはないが、無理矢理解説すると、コットンストラップが備わった茶革製ショルダーホルスターにはFN社製のブローニング・ハイパワー自動拳銃を収納。ハンマーの形状が戦中・戦後型ハイパワーの特徴の一つであるリングハンマーでなく一般的なスパーハンマー（※4）になっていることから、1973年以降のモデルと推察できる。73年といえば劇中の時代設定がまさにそれ。コンラッド、意外と新しモノ好きなのね…。

髑髏島で生き残ったマーロウ中尉

劇中冒頭で登場したP-51のパイロット、マーロウ中尉は、髑髏島で原住民らと30年間過ごしてきた第二次大戦の生き残りだ。

左袖の上腕部に縫い付けているパッチは実在のアメリカ陸軍部隊、第1航空旅団（1st Aviation Brigade）の部隊章。右胸ポケット上のパッチは第3強襲ヘリコプター中隊「スカイデビルズ」のもの。この部隊は映画オリジナルの架空の部隊だ。実際ベトナムの戦地においては、非公式ではあるが所属する師団や旅団以下の連隊や中隊の部隊章を胸のポケット上に縫い付けた例が多く見られた。胸のパッチはこれの再現だろう。

●個人携行装備
ヘリパイロットであるため、個人携行装備は少ない。腰のベルトはナイロン製のM1972/LC-1個人装備ベルト。書類上、アメリカ軍での採用は1973年だが、将兵への普及はそれよりぐっと遅く1970年台末以降なのでこれは不自然。ナム戦時代の米兵というより、1980年代前半の装備過渡期の米兵のようなスタイルになってしまっているのはご愛嬌。
ベルトの右腰には空軍用のサバイバルナイフ。本来、搭乗員用のサバイバルベスト収納品のアイテムとして支給されるものだが、その使い勝手の良さからナイフ単体で携行された例も多い。イラストでは隠れてしまっているが、右腰背面にはM1956個人携行装備の一つであるコットン製の汎用弾薬パウチがついている。
私物の黒革製デュアルショルダーホルスターには、制式拳銃であるM1911…と思いきや、まさかのM1902。これは.38ACP弾を使用するコルト社製の旧式自動拳銃で、M1911シリーズのデザインのベースとなったものだ。グリップの下端にランヤードリング（※）が確認できることから、れっきとした軍用モデル。
なぜこんなマイナー拳銃を（しかも2挺も、わざわざ特注ホルスターまで用意して！）持っていたのか劇中では語られなかったが、「実はガンマニア」なんて裏設定でもあるのだろうか？
※粉失防止のための紐を接続する金具。

マーロウ中尉は米陸軍航空軍（USAAF）用の明るいカーキ色のつなぎ型航空服、AN-S-31フライトスーツの上に茶革製のA-2フライトジャケットを羽織っている。字幕や吹き替えでは「空軍のジャケットだ」と語っているが、陸軍航空軍（Army Air Force）が陸軍から独立して空軍（Air Forces）になるのは大戦後の1947年なので、これも日本版スタッフが知らずに翻訳してしまったのかも。

左袖のパッチはUSAAF章。彼は自己紹介で「第45飛行隊」と名乗っているが、左胸のトカゲが描かれたパッチは実在した第45飛行隊のものとは異なるので、おそらく本作独自のデザインであろう。ただし、実在の第45飛行隊もかつてP-51を装備して太平洋で日本軍と戦っているので、この設定はあながち間違いではない。

ヘッドギアは陸軍将校用の冬季用サービスキャップ（制帽）。チンストラップ（あご紐）は欠損している。帽子のクラウンは形が崩れているが、これは経年劣化のせいではなく、元々陸軍航空軍では制帽のクラウン内側のワイヤーを抜き、形を崩して着用する文化があったためだ。それゆえ「クラッシュキャップ」とも呼ばれる。

マーロウ中尉の盟友となった日本軍パイロット、イカリ・グンペイの遺品である日本刀には「賦天否運」（運否天賦の右書きで「運を天に任せる」の意）の文字と「素剣」（不動明王の化身とされる剣。所有者の守護を願う意匠）が彫られている。

彫物としては文字も素剣もすごく"らしい"のだが、なぜ文字を横書きに…？　横書きにしたって英語圏の観客には読めないんだから普通に縦書きでよかったのに…。

アホ映画だけど随所にこだわりが…

この映画、一度視聴した上で「ぶっちぎりでアレな内容になりますが宜しいか？」と担当編集さんに念を押すほどの逸材。存在感が薄すぎる主人公に変な日本観、どんだけジャングルを彷徨（さまよ）っても一人だけ洗濯したてみたいなシャツ姿のままの中国人女優等々、軍装へのツッコミ云々以前に、映画としての粗をあげればきりがない。

が、監督のコメント等を読んで、少し気持ちが変わってきた。監督ジョーダン・ヴォート＝ロバーツは日本のアニメやゲームの大ファンで、コングと死

※3　SASは"Special Air Service"の略で、イギリス陸軍の特殊空挺部隊。
※4　指かけ部が爪のように突き出た形状のハンマー（撃鉄）のこと。

41

闘を演じるスカル・クローラーはエヴァンゲリオンの使徒そっくりだし、そもそもあのコングの巨体はPS2のゲーム『ワンダと巨像』をイメージしたものだと監督自ら語っている。

日本兵の名前「イカリ・グンペイ」はエヴァンゲリオンの主人公、碇シンジと任天堂のゲーム＆ウォッチやゲームボーイの開発者、横井軍平が元ネタだ。その他1933年公開の初代『キングコング』はもちろん、数多くの映画やアニメのパロディ、オマージュを込めているとの事。監督に屈託なくそう言われてしまうと「お、おう…」というか、あれこれ重箱の隅を突いてダメ出ししてる自分が逆に恥ずかしくなってきてしまう。

サイゴン市内の怪しげなプールバーでのコンラッドの登場シーンで流れているBGMは、ジェファーソン・エアプレインの"White Rabbit"と

FN社製ブローニング・
ハイパワー自動拳銃

M16A1自動小銃
（シーンによっては初期型の
M16を携行していることも）

元SAS（特殊空挺部隊）大尉
ジェームズ・コンラッド

いう曲で、これはベトナム戦争映画『プラトーン』で主人公クリスたちがマリファナでハイになるシーンで印象的に使われたもの。外部スピーカーを搭載したUH-1ヘリの編隊飛行シーンはそのまんま『地獄の黙示録』だ。こういうところはベトナム戦争映画ファンとして素直に嬉しい。

『地獄の黙示録』や『プラトーン』が撮影された頃はフィリピンをロケ地としていたが（アメリカとベトナムの国交正常化は1995年）、まさかベトナム戦争ネタの映画の撮影を当のベトナムの地で行えるほどになったとは、ベトナム戦争も遠くになりにけりだなあ…。

ぶっちゃけB級映画・アホ映画（失礼）ではあるんだが、決して「一度見たらもう十分」な手合いの映画ではない。スタッフロール後のラストシーンでは、続編についても言及されてるし、次作がどんな映画になるのが楽しみだ。

アメリカ陸軍航空軍
第45飛行隊
ハンク・マーロウ中尉

アメリカ陸軍
将校用サービスキャップ
（通称はクラッシュキャップ）

革製ネームタグ

アメリカ陸軍航空軍
（USAAF）章

第45飛行隊部隊章
（映画オリジナル）

ドックタグ
（認識票）

A-2フライトジャケット

イカリ・グンペイの愛刀

AN-S-31フライトスーツ

43

対テロ専門部隊としての一面

今回は世界各国の特殊部隊の範ともなったイギリス陸軍SAS（Special Air Service：特殊空挺部隊）の軍装を、部隊の歴史、元隊員の自伝や映画とあわせて紹介しよう。

ところで「特殊部隊」と聞いて、あなたがイメージするのは次のどちらだろうか？ 迷彩服に身を包み、パラシュート降下や潜水艇で敵地に潜入する少数精鋭の攻撃部隊？ それとも黒一色のスタイルでテロリストの潜むビルに突入する対テロ部隊？ じつはSASはこのどちらも主任務としているという点で非常にユニークだ。

まずは、SASがそうした性格をもつに至った経緯について触れよう。SASは第二次大戦中、ドイツ軍占領地域における潜入破壊工作や偵察を主任務とする部隊として創設され、ドイツが降伏した1945年春の時点では計5個連隊でSAS旅団を編成していた。大戦終結後の1945年10月にいったん解隊されたが、1947年に新生SASとして復活。1960年代には3個連隊規模となり、IRA（北アイルランド共和国軍）によるテロが頻発する北アイルランドの治安維持任務にも投入された。

そして1972年夏、西ドイツ・ミュンヘンオリンピック選手村で起きたテロ事件を機に、SAS内に対テロ専門部隊が置かれることとなった。これが一般に「CRWウイング」(※1)として知られる部隊である。

CRWウイングは、1980年4月の駐英イラン大使館占拠事件における人質救出作戦で初めてその姿を公にした。これは反ホメイニ派のイラン人テロリスト6名が、ロンドンのイラン大使館に多数の人質と共に籠城した事件で、事件発生から6日後、人質の一人が殺害されたのをきっかけに、CRWウイングによる突入／人質救出作戦「ニムロッド」が実行に移された。

2チームに分かれた隊員たちは、大使館の屋根からのラペリング降下、プラスチック爆薬による防弾ガラス窓の爆破によって屋内に侵入し、スタングレネード（閃光音響手榴弾）やH&K MP5短機関銃を駆使してテロリスト6名中5名を射殺。作戦はわず

SAS部隊の編制

2021年現在、SAS連隊は正規軍である第22SAS連隊を主力に、予備役組織である国防義勇軍所属の第21・第23SAS連隊がその任務を支援するかたちとなっている。第22SAS連隊には400～600名が在隊しており、

- 司令部中隊
- A作戦中隊／B作戦中隊／D作戦中隊／G作戦中隊
- 対テロ中隊（CRWウイング）※ローテーションで担当
- R中隊（予備役）
- 第264SAS通信中隊
- 訓練中隊
- ORU（作戦調査班）※武器・装備開発セクション

などから編成される。

1個作戦中隊（65名）は少佐を指揮官とし、本部班と4個トループ（troop）から成る。4つのトループはそれぞれ舟艇・山岳・航空・車両機動を主な任務としている。なお、対テロ中隊のCRWウイングはA/B/D/Gの4個作戦中隊が6か月ごとのローテーションで担当している。

イラストは、1990年代初頭のSAS連隊CRWウイング隊員の突入時スタイルの一例。身につけている対テロチーム専用の被服・装備品は総称して "Black-Kit" と呼ばれている。

●アサルトスーツ

当時広く着用されていた耐熱ノーメックス・アラミド繊維製のフード付き耐炎アサルトスーツ（カバーオール）。色は濃紺だが、後に黒のものも登場している。両肘と両膝にはパッド入りの補強布が当てられている。上腕部の小窓付きポケットはチーム識別用のカラーマーカーを入れるためのもの。その後ろにはサイリウムを差し込んでおける縦長ポケットが備わっている。

襟元は金属ジッパー留めのハイネックニット襟（内側）と、使用しない場合は背面で固定しておけるフード付き襟の二重構造。ジッパーを喉元まで閉め、顔面にレスピレーター（ガスマスク）を着用した上からフードを被れば首元から頭部まですっぽり覆うことができる。袖口も隙間の生じないニット仕様。これはスタングレネードが発する高熱や炎、催涙ガスの成分などが肌に直接触れないようにするための配慮だ。後述のベルトキットやベストが天然皮革製なのも同じ理由からで、高熱に晒されたナイロンやコットンが変形・発火・人体に貼り付くなどの事故を防ぐためと言われている。

●ベルトキット

黒革製の装備用ベルトと吊り下げ式のハンドガンホルスター、弾倉パウチ類から成る。デザインや装着位置には幾つかのバリエーションが見られるが、ベルト右腰部にブローニング・ハイパワーもしくはSIG P226ハンドガン用のレッグホルスター、左腰部にH&K社製MP5短機関銃用の30連弾倉を3本収納できるパウチを吊るのが一般的。ハンドガン用弾倉を2本収納できるパウチは、レッグホルスターもしくはMP5弾倉パウチの太腿固定用エラスティックストラップに通して携行される。

弾倉パウチは素早く弾倉交換ができるよう、蓋（フラップ）のないオープントップ式。エラスティックバンドの伸縮性で弾倉を保持している。今でこそ一般化したオープントップ式弾倉パウチだが、当時は画期的なアイデアだった。なお、どんな態勢でもハンドガンの弾倉交換ができるよう、予備弾倉の1本を左手首にバンドで固定しておくこともあり、これは通称「リスト・ロケット」と呼ばれていた。

●REV/25ボディアーマー（ベストの下に着用）

ボディアーマーは大別して軽装用の「REV/25」と重装用の「GPV/25」の2種類が存在する。REV/25は機動性に優れ、車両やラペリング（懸垂降下）で突入する隊員が着用。より大型のGPV/25にはグローイン（鼠蹊(そけい)部・股間）アーマーが備わっており、抗弾ハードプレートをベスト本体に挿入することで至近距離からの自動小銃弾の直撃にも耐えられる。

なお、通常、突入班は1班4名で編成されるが、先に突入する2名がREV/25、それに続く2名がGPV/25を着用する。先に突入する方が軽装なのは不思議にも思えるが、射撃練度の低いテロリストの能力では不意の突入に対して即座の反撃ができず、命中弾を受ける可能性が高いのはむしろ後続隊員の方である、との判断からとされている。

※1 略称ではない原語表記は "Counter Revolutionary Warfare Wing" で、対革命戦部隊などと和訳される。

●Mk.Ⅱ CRWベスト
　通称「ピッグスキンベスト」「クイックレスポンス
ベスト」などとも呼ばれる黒いスウェード（起毛）
レザー製アサルトベスト。スタングレネー
ド3発の他、本来イギリス空軍サバイバ
ルキットのアイテムの一つであった
Mk.Ⅱエアクルーナイフ（ラベリング
時にロープが絡まった際の切断用）
や消防士用の破壊工作用手斧、クー
ガーPRM4515無線機などを携
行できるよう各部にポケットやスト
ラップが備わっている。1990年代後半
にはさらに改良され、隊員の任務に合
わせた複数のバリエーションからなる
Mk.Ⅲベストが登場している。

●SF10レスピレーター
　イギリス軍ではガスマスクのことを「レス
ピレーター」（Respirator：呼吸器）と呼称
する。SF10は対テロ作戦が短時間で終
了すること想定した特殊部隊仕様で、元
になったS10に備わっていた飲水用チューブ
が省略され、代わりに無線用マイクが備わ
っている。また呼吸や行動の妨げにならないよ
う、キャニスター（吸収缶）は薄型のもの
が装着されている。
　円形のレンズは広い視界を確保で
き、スタングレネードの爆発下でも視
界を確保できる対閃光レンズを追加
装着することも可能。

●個人携帯火器
　H&K社製のMP5短機関銃を装備しており、サプレッサー付きの
SD6、短縮型のK（クルツ）モデルなども配備が確認されてい
る。ハンドガンは英陸軍制式採用拳銃であるFN社製ブ
ローニング・ハイパワーやその長銃身モデル、SIGザウア
ー社製P226を装備。20発装弾できる特殊なロング
マガジンも使用例がある。なお、MP5／ハイパワー
／P226いずれも使用弾薬は9mmパラベラム弾（9×
19mm）であり、弾薬の互換性を保っている。

●その他の装備
　ドア破壊用のショットガン、非致死性手榴弾で
あるG60スタングレネード（閃光音響弾）や
L13CSガスグレネード（催涙ガス弾）の他、上層
階からのラベリングで突入する隊員は、身体に襷
（たすき）掛けにして着用するアブセイルハーネスやロー
プ、ロープバッグ（降下しつつロープを繰り出すための
もの、ふくらはぎに縛り付ける）、ストップディセンダー（ラ
ベリングの途中で両手を離してもその位置に留まるため
の器具）なども任務に応じて装備・携行している。

Mk.ⅡCRWベスト

CT101 PTTスイッチ

第22SAS連隊
CRWウイング隊員

REV/25
ボディアーマー

アサルトスーツ

サイリウム用
ポケット

チーム識別用
カラーマーカー
ポケット

Mk.Ⅱ
エアクルー
ナイフ

アックス・
ポケット
（手斧入れ）

P226
自動拳銃用
ホルスター

クーガー
PRM4515無線機

G60スタングレネード
（閃光音響手榴弾）

SF10
レスピレーター
（ガスマスク）

MP5短機関銃用
予備弾倉

SIGザウアー社製
P226自動拳銃
（ロングマガジン装備）

P226自動拳銃用
弾倉パウチ

第22SAS連隊B中隊
アンディ・マクナブ軍曹 ①

　イラストは1999年放映のテレビ映画『ブラヴォー・ツー・ゼロ』におけるアンディ・マクナブ軍曹（演：ショーン・ビーン）の軍装スタイル。

　デザートDPM迷彩が施されたライトウェイトコンバットシャツ＆トラウザーズは、湾岸戦争の時期（1990〜91年）を考慮して正しく初期のモデルを着用している。湾岸戦争後に登場したモデルは、左袖上腕部のペンポケットがフラップ付きの救急包帯入れになっている、シャツの前立部に階級章を通すためのタブが備わっているなど細部が異なる。

　個人携行装備はPLCE P90（※）をベースに、幾つかの特徴的な装備を混用している。ウエストベルトとメインヨーク（サスペ

ンダーの英軍式呼称）、右腰ベルトに装着した汎用弾薬パウチ、背面の汎用パウチまたは水筒キャリアはすべてPLCE P90のものだが、ベルト左腰には1950年代のコットン素材装備であるP58装備シリーズの通称「SASダブルアモパウチ」（M16系弾倉を4本収納）を装着。

　さらにSASダブルアモパウチの上部、左胸のメインヨークには、P58よりもさらに旧式となるP44（開発自体はなんと第二次大戦中！）装備のコンパス（方位磁石）パウチをストラップに通して携行している。実際、イギリス軍の個人携行装備では、使い勝手の悪い新型装備が嫌われ、旧来の装備が引き続き使われるというケースがしばしば見られる。

　左脇の下のベルトに吊っているナイフは、ヌメ革製の剣吊りに収まったルーマニア軍用のAK用銃剣。

　小銃はリアサイトの形状からM16A2。これにM203グレネードランチャー（擲弾発射器）をバレル下にマウントしている。自伝『ブラヴォー・ツー・ゼロ』内でもアンディは銃のスリングには否定的な意見を述べているが、映画のアンディもスリングは使用せず、フロントスイベル（スリングを通す金具）をダクトテープでM203のアッパーカバーに固定している。またその後らにはプラスチック製のシルバコンパスをダクトテープで貼り付けている。

　※ "Personal Load Carring Equipment Pattern 90" の略で「1990年型個人携行装備」の意。同様にP58は1958年型、P44は1944年型である。

デザートDPM迷彩
ライトウェイト
コンバットシャツ

PLCE P90
メインヨーク
（サスペンダー）

P44コンパス
パウチ

PLCE P90
汎用パウチ

シルバコンパス

AK用銃剣
（ルーマニア軍仕様）

M16A2アサルトライフル
（M203グレネード
ランチャー装備）

SASダブルアモパウチ
（P58装備のもの）

か11分で終了した。これにより、残されていた人質20名の救出に成功。TVカメラに映ったその黒ずくめのスタイルや一種異様なガスマスク姿とともに、SASとCRWウイングの名を国内外に広く知らしめることとなった。

なお、隊員がガスマスクを着用するのはスタングレネードの閃光や催涙ガスから視覚を守るためだが、別の理由として、素顔を見られることで本人やその家族がテロリストの報復対象にならないための措置でもある。

SAS隊員は当時から「キリングハウス」と呼ばれる模擬建造物で近接戦闘や人質救出作戦の実戦的な訓練を積んでおり、この訓練方式と施設は後年、アメリカ陸軍のデルタフォースなど世界各国の特殊部隊や対テロ組織で参考にされることとなった。

地上戦闘部隊としての一面

一方、地上戦闘部隊としても多くの戦争・紛争で活躍している。

1982年3月に勃発したフォークランド紛争では、海兵隊コマンド部隊や陸軍空挺連隊と協同してサウス・ジョージア島の奪回、アルゼンチン軍航空部隊が展開するペブル島飛行場の夜間襲撃、グースグリーン周辺への空挺降下やケント山での戦闘などで戦果をあげた。

また1991年の湾岸戦争では、第22SAS連隊B中隊所属の8名で編成されたチーム"B20"（Bravo Two Zero：ブラヴォー・ツー・ゼロ）が、イラク軍の地対地短距離弾道ミサイル「スカッドB」およびその改良型「アル・フセイン」の破壊任務に投じられた。

多国籍軍による「砂漠の嵐」作戦が開始された翌日の1991年1月18日、イスラエルを強引にでも参戦させて「アラブ諸国対イスラエル」という構図に持ち込みたいイラクのフセイン大統領は、通常弾頭型スカッドミサイルをイスラエルへ発射。これを受けて、サウジアラビアの前線基地で待機していたSASの「スカッドハンター」各チームに出動命令が下り、アンディ・マクナブ軍曹率いる"B20"の8名も夜間ヘリで国境深くへと潜入する――

この"B20"のエピソードが一般に知られるよう

になったのは、8人のメンバーのうち二人が戦後、この作戦のあらましをそれぞれ自伝、ノンフィクション作品として出版したからだ。

一人は前出のアンディ・マクナブ軍曹（※2）、もう一人は衛生担当のクリス・ライアン伍長（作戦当時）。二人は作戦の途中、ふとしたミスでお互いの位置を見失ってしまう。そこから"B20"のエピソードは二つに分岐していくのだが、それを第三者の視点で辿ることができるのは、読者に与えられた特権だ。

ちなみに二人はSASを退役後、それぞれ作家兼軍事アドバイザーとして活動している。

"ブラヴォー・ツー・ゼロ"の軍装

二つの"B20"のエピソードは、それぞれ映像化されている。ここではアンディ・マクナブ著"Bravo Two Zero"を原作とする同名のテレビ映画（※3）に登場する軍装を紹介しよう。

劇場公開用ではなくテレビ映画と聞いて、実はDVDを観る前から「どーせ低予算でインチキ迷彩服とへんてこライフル持って走り回ってるだけのもんだろ」などとロクに期待もせずに観始めたら…いやびっくり、恐れ入りました。テレビ映画とはいえ国営放送BBC向けの作品だけあって、良い意味で予想を裏切られた。

本作のメインキャストは南アフリカ共和国で軍事アドバイザーの指導のもとに射撃や分隊行動を訓練されているし、身につけている軍装も正しく湾岸戦争前に配備されていたもので統一されている。一部は他のアイテムで代用されているが、この代用の仕方も納得のいくもので全然問題ない……等々。

何より驚きなのが、俳優ショーン・ビーン演じる主人公アンディ・マクナブ軍曹の個人携行装備が、これでもかというくらい凝っている。自伝で読んだ通り、モルヒネ入りの簡易注射器2本を首から紐で吊っているし、ベルト左腰にP58のSASダブルアモパウチ、右腰にP90の汎用弾薬パウチを取り付けわざと左右非対称に配置、背中側には旧式のP44水筒をアメリカ軍の1クォート水筒カバーに収納したものを取り付けているなど、自伝に掲載された当時のアンディ・マクナブ本人の写真の装備をそのまま再現している。

※2 "Andy McNab" は自伝の出版（1993年）にあたってのペンネームであり、本名ではないとも言われる。
※3 テレビ映画 "Bravo Two Zero" は1999年1月にイギリス国営放送BBCで二週にわたって放映された。

ところで、自伝“Bravo Two Zero”を読んでいて少し気になる箇所が…アンディが英軍の小銃SA80（L85）を貶し、一方で米軍のM16を絶賛しているのだが、それに続く言葉がすごい。

「唯一の欠点は、M203（アドオン式グレネードランチャー）を装着するとそれが邪魔で着剣できないことだ」

今世紀に入ってからも、アフガニスタンで二十数回に渡る銃剣突撃を敢行するなど時代錯誤（?）な一面ももつイギリス軍。着剣に異様にこだわる辺りは、アンディもやはり英国軍人ということなのか…。

第22SAS連隊B中隊
アンディ・マクナブ軍曹 ②

こちらはアンディ・マクナブの自伝『ブラヴォー・ツー・ゼロ』巻頭に掲載された数枚の写真を元にセットアップされた軍装スタイル。

シャツはデザートDPM迷彩のライトウェイトコンバットシャツだが、トラウザーズはDPM迷彩オリジナルのグリーン／ブラウン系のままのようだ。実際、湾岸戦争の勃発当時は、各国軍ともにカーキ系の砂漠迷彩の被服や装備がまだ十分に行き渡っておらず、迷彩服の上下で迷彩パターンが異なるケースがしばしば見られた。

腰回りの個人携行装備はPLCE P90を基本としているものの、ベルトに吊り下げて装着しているP58「SASダブルアモパウチ」、イラストには描かれていないが背面のアメリカ軍の1クォート水筒カバーに押し込んだ旧式のP44水筒や、恐らく汎用パウチとして医薬品などを収納したであろうP58水筒ケースなど、かなりカスタマイズされたセットアップとなっている。

両胸の大きなパウチが目立つメッシュベストはライトウェイトコンバットパック、通称「SASアサルトベスト」。形状は第二次大戦時のコマンド部隊や落下傘連隊将兵によって使用された通称「ブレンガンベスト」によく似ている。前合わせの留め具が古めかしいトグルロープ式なのも共通だ。制式化されず短命に終わったP72装備のアイテムの一つで、使い勝手が良かったこのベストだけは特に多量の弾薬類を携行せざるを得ないSAS隊員などによって使用が続けられたため、SAS専用の装備と誤解されることもあった。

"ちょっとアレ"率の高いSEALs映画

『ネイビーシールズ ナチスの金塊を奪還せよ!』は、フランス人映画監督のリュック・ベッソンが製作・原案・脚本を務めたミリタリーアクション映画だ。兎にも角にも、まずは映画パンフレットに記載されたアオリ文から。

　　湖底に沈んだナチスの金塊奪還大作戦、始動!　最強軍団ネイビーシールズの予測不能な5人組が陸・空・水縦横無尽に大暴走!　ド派手にやろうぜ!

…ど、どうですかこの本編見なくてもビンビン伝わってくるB級臭。いつもなら、まず冒頭に「ボスニア・ヘルツェゴビナ紛争末期の1995年、セルビア軍司令官の拉致作戦に出動したアメリカ海軍の精鋭、SEALsの5名は〜」などとあらすじを紹介したり、作品の時代背景や部隊について解説したりするもんだが、ほとんど意味がないので今回は無し!

にしても、邦題に「ネイビーシールズ＋○○」って付く映画って"ちょっとアレ"率高過ぎじゃないですかね?!『ネイビーシールズ　オペレーションZ』（SEALsとゾンビが戦う）とか『ロボシャークVSネイビーシールズ』（SEALsとロボシャークが戦う）とか…。

SEALsチームの軍装スタイリング

気を取り直して。まずはオーストラリア人俳優サリバン・ステイプルトン演じるSEALsチームのリーダー、マット・バーンズのスタイリングを例に、本作におけるSEALsの軍装スタイリングを見ていこう。

映画の舞台となる年代は1995年。この時代のアメリカ軍地上部隊の軍装は、現在のそれから二世代ほど古いタイプのものになる。現在、アメリカ軍のみならず欧州各国軍や日本の自衛隊でも採用されている「PALS」ウェビング規格（※1）が登場する直前の、比較的短期間の使用に留まった珍しいスタイリングだ。

●ウッドランドBDUと謎のハーネス

着用しているのはウッドランドBDU（Battle Dress Uniform）と呼ばれる迷彩戦闘服。1980年代初頭から2000年代にかけてアメリカ4軍で広く着用された標準的な野戦用ユニフォームだ。迷彩パターンはグリーン、タン、ブラウン、ブラックの4色からなり、「ウッドランド」の名の通りヨーロッパの森林地帯での戦闘を意識したカラーリングとなっている。

マットら5人のSEALsメンバーのBDUは階級章はおろかネームテープ、所属を示すU.S.NAVY章すら縫い付けていない"素"の状態だが、これは敵地において万が一捕虜になっても、軍服の徽章類から所属や階級を悟られないための配慮。このような被服は俗に"消毒済み"とも呼ばれる。

また、トラウザーズの裾をブーツにたくし込まず、上から被せるだけという着用法もSEALs隊員の特徴。水中からの上陸作戦が多いSEALsでは、裾の内側に水が溜まらないよう、水捌けを優先してこうした着用法が習慣化しているそうだ。

その他、メンバーいちの大男カートはBDUの上着の裾をトラウザーズにたくし込む着用法、重火器担当の"JP"ことジャクソン・ポーターは上着両胸のポケットを上腕部へ、両腰のポケットを両胸へ移設する改造を行っている。こうした着用法・カスタマイズはSEALsに限らずグリンベレーやレンジャーなど米軍特殊部隊で広く行われている。

ウッドランドBDUの下に着用しているのは黒色のウェットスーツ。劇中の映像だけでは詳細不明だが、おそらく米国政府調達型のツーピースモデル（ネオプレーン素材製で袖の無いつなぎ型のスーツの上に太腿までのスーツを重ね着するタイプ）、もしくは民間ダイバー用のものだろう。首元にウェットスーツのジッパーが確認できる。

ウッドランドBDUの上、タクティカルベストの下に着込んでいるのは水中用ライフプリザーバーハーネス（救命胴衣）かな?　5人が乗った戦車が水中に転落した際、わざわざこのハーネスを身につけて戦車のハッチから水中に出ているので、何かしら水中活動に関する装具であることは確かだ。

※1　PALSは "Pouch Attachment Ladder System" の略。米軍が開発した装着品の装着システム（規格）で、プレートキャリアやタクティカルベスト、バックパックの表面に梯子状に縫い付けられたウェビングテープ（PALSテープ）を介して弾倉用パウチなどを任意の位置に取り付けることができる。MOLLE（後述）とも呼ばれる。

アメリカ海軍 SEALsチーム
マット・バーンズ兵曹長

イラストはSEALsチームリーダー、マット・バーンズのセルビア軍将軍拉致作戦時のスタイリング。ウェットスーツ、ウッドランドBDU、本文でも触れたライフプリザーバーハーネス?を着用した上に黒一色のETLBVを身につけている。

ETLBVはぶ厚いパッド入りのH型サスペンダー部と身体の前身頃左右および背面の計3枚のメッシュパネル部から構成される。「ハ」の字型に配置されたM16小銃用弾倉パウチは、前身頃の下の二つが弾倉1本用、上の二つが弾倉2本用となっている。下部には左右に一つずつ手榴弾用パウチが備わっている。また、ベスト下部には装備用ベルトと連結するためのストラップが計10本備わっており、ベルトおよびベルトに装着した追加装備とベストを一体化させることが可能。マットは黒色のLC-2A装備用ベルト左腰に旧式装備のM16小銃用弾倉パウチ、水筒(共にLC-2)を装着している。

小銃はM16小銃の短縮型であるM4A1カービン。銃身にタクティカルライトを装着しているが、小道具の都合上タイラップで無理やり縛りつけているだけ。ライトが銃身からずれてしまい、銃口と光軸が合ってないシーンがあるのはご愛嬌。

タクティカルライト
(タイラップで縛着)

ETLBV
(性能向上型戦術
荷物輸送ベスト)

ETLBVに
備わった
M16小銃用
弾倉パウチ
上:2本用
下:1本用

ウッドランドBDU
(戦闘服)

ライフプリザーバー
ハーネス?

LC-2
水筒キャリアー

LC-2
M16小銃用
弾倉パウチ

M4A1カービン

LC-2A個人用装備ベルト

ETLBVに備わった
手榴弾用パウチ

●失敗作といえるETLBV

ウッドランドBDUとハーネスの上には、黒色の野戦携行装備ベストETLBV（※2）を着装している。これは第一次大戦時から1980年代まで続いてきた米軍の個人携行装備のベースデザイン——様々な装具を取り付けたベルトと、その重量を肩で支えるサスペンダーから成る——を刷新する概念の装備だ。

ETLBVのベースとなったTLBVは1988年に採用されたIIFS（コラム参照）の基幹となるもので、パッド付きのサスペンダー部、身体前面左右のパネル、背面パネルから成る、今で言うタクティカルベストに近い形状となっている。それまでこうしたベスト型個人携行装備は、米軍では第二次大戦時のアサルトベストやベトナム戦争時の弾薬ベストなどが存在したが、支給対象がごく一部に限られていたり、特定の弾薬を携行するためだけのものであったりした。

その点、TLBVはゆくゆくは一般地上部隊のベーシックな個人携行装備となるべく、鳴り物入り（?）で採用された…のだが、前線の兵士たちからの評価は芳しくなかった。従来のサスペンダー式に比べ、両胸のパネル部が胴に密着して暑い、両胸に備わったM16小銃用弾倉パウチがほぼ垂直に配置されていたため、パウチから弾倉を引き出しにくいなどの不満が報告された。

こうした報告を踏まえ、1990年代に入ると「エンハンスド」（Enhanced＝性能向上型）と称した新型のETLBVが登場する。両胸と背面のパネルをナイロンメッシュ製として通気性の確保と軽量化を図り、また両胸のM16小銃用弾倉パウチを約45度傾けた「ハ」の字型に配置することで弾倉を引き出し易くなるよう配慮した。現場の声を反映したかたちのETLBVだが、結果的にこれも短命に終わることとなる。

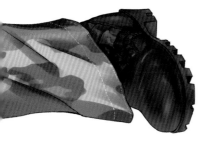

短命に終わった装備システムIIFS

IIFS（Integrated Individual Fighting System：統合個人戦闘システム）は、1988年にアメリカ陸軍に制式採用された個人携行装備システムで、大きく次の四つから構成される。

・TLBV　一般小銃手用の戦術荷物輸送ベスト
・GCV　M79/M203擲弾手用の40mm擲弾携行ベスト
・FPLIF　フレーム内蔵式大型野戦背嚢
・ECWSS　極寒地用寝袋システム

このうちFPLIFはアルミ製フレームを内蔵、メインポケットの内部を上下に仕切ることができ、上部に個人装備、下部に寝袋等の野営装備一式を収納できる。なお、装備用ベルトや水筒キャリアー、個人用救急キットパウチなどは、従来のALICE/LC-1・2装備のものを引き続き使用した。

IIFSは次世代の基本歩兵装備を目指して、即応部隊などから優先的に配備が進められていたが、製造コストが高く、また1990年代後半に特殊部隊用のSPEAR、RACK、一般部隊用のMOLLEといったPALSアタッチメントによるモジュラー装備システムが採用されたため、全軍への配備を待たずして廃止となった。

凝ったデザインと素材ゆえに製造単価が高い、匍匐（ほふく）前進などで弾倉パウチの特定の部位に破れが生じやすく、破損部のみの交換も不可能なため1箇所の破損でベスト全体を破棄せざるを得ない、そして何

1994年頃に登場したTLBVの改良型、ETLBV
写真／keepsshooting.com

より、ベストという大げさな装備の割にM16小銃用弾倉6本、手榴弾2発しか収納できず、結局、腰回りに装備用ベルトを介して旧式装備の弾倉パウチや水筒などを装着する必要があるという、デザイン上の根本的な問題があった。

こうした問題と、1990代後半に登場したより画期的なモジュラー装備システムであるMOLLE（※3）の急速な普及により、2000年代初頭までにほぼ前線で使用されなくなった。

なお、劇中冒頭の戦闘でETLBVを着用しているのはリーダーのマット、JP、ベン・モランの三人。うち、ベンのものはウッドランド迷彩のアメリカ軍正規品、マットとJPのものはベルトを含め黒一色となっている。

黒やOD単色のものは軍正規品には存在せず、民間のタクティカルギア・メーカーがETLBVのデザ

※2 "Enhanced Tactical Load Bearing Vest"（性能向上型戦術荷物輸送ベスト）の略。
※3 "Modular Light Load-carrying Equipment" の略。1990年代後半に導入された米軍の戦闘装備システムで、プレートキャリアの表面に縫い付けられたウェビング・テープ（PALSテープ）を介して、規格に対応したパウチ類を任意の位置に取り付けることができる。

「少将」階級章

「海軍特殊戦」章

ネームテープ

「U.S.NAVY」所属章

「海軍飛行士」章

ウッドランドBDU

インをベースに独自に製作したタクティカルベストとも異なるため、ウッドランド迷彩の軍正規品を黒く染めたものか、より安価なコピー品かもしれない。

サービスドレスから判る意外な事実

劇中終盤の表彰式のシーンから、アメリカ海軍将兵のサービスドレスユニフォームも軽く紹介しよう。実はこのシーンでとんでもない事実が判明したりもするのだ。

米海軍のサービスドレスユニフォームは、階級によって、①セーラー服型の水兵・下級下士官用、②ダブルのジャケット（冬用）／詰襟（夏用）型の上級下士官（Chief Petty Officer：CPO）用、③同様のスタイルの准士官以上用の三種があり、三種それぞれにブルー（冬用）とホワイト（夏用）が存在している。

表彰を受ける5人のSEALs隊員と司令官のレヴィン少将は全員ブルー（冬用）のサービスドレスユニフォームを着用。レヴィン少将と現地の女の子とイイ仲になるスタントン・ベイカー大尉は准士官以上用、兵曹長のマットは上級下士官用のダブルのジャケットスタイル制服を着用。それ以外の3名は兵曹クラスなのでセーラー服を着用している。

三又の鉾（ほこ）を持った鷲が象られた海軍特殊戦章
写真／ROLYAT MC

アメリカ海軍 SEALsチーム司令官 ジェイコブ・レヴィン少将

イラストはマットたちの上官、レヴィン少将が着用するウッドランドBDU。「U.S.NAVY」章とネームテープは刺繍（ししゅう）テープを縫い付け、襟の階級章（星二つで「少将」）と「海軍特殊戦」章は黒い艶消し（サブデュード）の金属製バッジとなっている。

注目したいのは「U.S.NAVY」章の下、左胸ポケットのフラップに取り付けたウイングバッジ。BDUには航空機に搭乗するレーダー迎撃士官や電子戦士官が着用する"Naval Flight Officer"（海軍飛行士）バッジを着用しているが、映画終盤の式典シーンでの制服（サービスドレスユニフォーム）着用時は海軍パイロットの証である金色の"Naval Aviator"バッジを胸につけている。本来であればBDU用の黒色、制服用の金色でそれぞれ同じものを用意するべきところだが、撮影時は小道具として用意できなかったのかもしれない。

ホワイトサービスハット（通称"Dixie Cup"）

アメリカ海軍 SEALsチーム
ベン・モラン一等兵曹

「海軍特殊戦」章

略綬

海軍／海兵隊パラシュート章

レイティングバッジ
（階級／職種章）

サービスストライプ
（勤続章）

ブルードレスジャンパー
（下級下士官／
兵用セーラー服）

ネックチーフ
（他国軍のもので代用？）

……あれ？ ちょっと待って、マットが兵曹長？？ 実は、パンフレットでも公式サイトでも「チームのリーダー」と紹介されているマットは上級下士官（CPO）。スタントンこそが大尉でれっきとした士官。劇中5人はほとんどの間「消毒済み」のBDU姿だったので階級は判明せず、マットの態度があまりにもリーダー然としていたので完全に騙されてしまっていた。スタントン、ちょっと影が薄いからってかわいそう過ぎる…。

イラストは3人の兵曹クラス隊員の中で最上級となるベン・モラン一等兵曹の式典でのスタイリング。

アメリカ海軍では水兵から兵曹クラスまではセーラー服型のサービスドレスユニフォームを着用する。冬用のものはウール製で制式名は「ブルードレスジャンパー」だが、「ブルー」は慣例で実際には黒色。襟と袖口に3本の白テープが縫い付けられている。襟元にはネックチーフを巻くが、本来アメリカ海軍のものは正方形のレーヨン製の布を斜め半分に折り、それをきつく巻き上げてリボンというよりはロープ状にしたもの。ゆえにチーフの先端は三角形の頂点で尖るはずなのだが、劇中で3人が着用しているネックチーフの先端は四角。おそらく小道具として米軍用の実物が入手できなかったので、他国軍のもので代用したのだろう。

左袖には上腕部にレイティング（Rating）バッジと呼ばれる階級／職種章、前腕部にサービスストライプ（通称ハッシュマーク）と呼ばれる勤続章を縫い付けている。レイティングバッジは赤の3本マークで「一等兵曹」、白い鷲（ワシ）の足元のレーダースコープマークで戦闘艦のCICなどで働く「オペレーションスペシャリスト（OS）」を意味する。「SEALs隊員なのに？」と思われるかもしれないが、1995年当時、SEALsは職種ではなく「特技・資格」の一つであった。SEALsが「スペシャルウォーフェアオペレーター」（SO）として独立するのは2006年以降である。サービスストライプは1本で4年勤務を意味する。

ヘッドギアは19世紀末からアメリカ海軍水兵のアイコンともなっている白いコットン製のホワイトサービスハット。その形状から、有名な紙コップメーカーの名称である"Dixie Cup"とも呼ばれる。

2000年代の「初期アフ」装備を再現

『ホース・ソルジャー』は、ジャーナリストのダグ・スタントンが2009年に発表した同名のノンフィクション小説を映画化した作品だ。「グリンベレー」の通称で知られるアメリカ陸軍特殊部隊によるアフガニスタン紛争初期の秘密作戦を描いた実録戦記である。

2001年9月11日の米国同時多発テロ、その最初の反撃としてミッチ・ネルソン大尉を隊長とするアメリカ陸軍特殊部隊「グリンベレー」の小部隊がアフガニスタンに潜入した。テロ組織アルカイダを擁するタリバン政権と対立する軍閥組織「北部同盟」と共同戦線を張り、タリバン支配下の都市マザーリシャリーフを制圧・奪還するのが目的だ。

しかし同地に駐屯する敵勢力は5万名、しかも彼らはアメリカ兵の首に多額の懸賞金を掛けていた。車両での移動が困難なアフガニスタン北部の山岳地帯、北部同盟から引き渡された馬に跨乗したネルソン大尉らは、「現代の騎兵」となって作戦遂行に挑む——

映画の原題である"12 Strong"のとおり、戦地に直接派遣される特殊部隊員はわずか12名。これはアメリカ陸軍特殊部隊の最小戦闘部隊単位である"ODA"(コラム参照)の隊員数だ。主人公ネルソン大尉率いる"ODA595"は実在する部隊で、ネルソン大尉やその副官スペンサー准尉もそれぞれ同部隊に在隊した人物をモデルにしている。

衣装・軍装に関してもリアリティが重視され、俗に「初期アフ」装備(アフ＝アフガニスタンです)と呼ばれる2000年代初頭のアメリカ陸軍特殊部隊員のスタイリングがよく再現されている。

グリンベレーの軍装スタイリング

劇中でも語られているが、ネルソン大尉をはじめとする「グリンベレー」隊員たちは、9.11直後の慌ただしい状況で十分な準備もないまま急遽作戦に赴いた兵士らしい、ちぐはぐで不揃い(防寒着などは一部民間向けの私物を流用)なスタイリングとな

っている。

● ネルソン大尉

大尉の着用している迷彩戦闘服はDCU(Desert Camouflage Uniform:砂漠迷彩戦闘服)と呼ばれるジャケットとトラウザーズ。他のDCUから移設したポケットが両袖の上腕部に縫い付けられているが、これは実際に特殊部隊の隊員がよく行っているカスタマイズだ。

DCUジャケットの下には防寒のため、寒冷地用被服である黒いフリース生地のECWCS Gen.Ⅱレ

ベル3ジャケットを着用。劇中半ばではDCUジャケットを脱ぎ、このフリースジャケットの上に直接タクティカルギアを着装しているシーンもある。

ボディアーマー

防寒性に優れるECWCS Gen.Ⅱジャケット
写真／OMAHA'S SURPLUS

Colum
グリンベレーの最小戦闘部隊 ODA

劇中でネルソン大尉が率いる部隊は"ODA595"と呼ばれている。この"ODA"という英文字と、それに続く数字の組み合わせは、アメリカ陸軍の特殊部隊グループ内での位置づけを読み解く重要な手がかりとなる。

ODAは"Operational Detachment Alpha"(アルファ作戦分遣隊)の略で、大尉または中尉を指揮官とした12名から成るグリンベレーの最小戦闘部隊単位を示す。6個ODAをまとめる中隊本部としてODB(ブラボー作戦分遣隊)が置かれ、その上の3個中隊をまとめる大隊本部としてODC(チャーリー作戦分遣隊)がある。3個大隊で1個特殊部隊グループ(SFG)を編成し、第1SFG:極東／太平洋地域、第3SFG:アフリカ、第5SFG:中央アジア／中東、…と各グループごとに担当地域を受け持っている。

ODAの後に続く3桁の数字は、1桁目が所属する特殊部隊グループ(SFG)、2桁目が所属中隊、3桁目が「何番目のODAか」を示している。ODA595を例にとると、「第5特殊部隊グループの第3大隊C中隊(※1個大隊はA・B・Cの3個中隊から成るので、通し番号9は「第3大隊のC中隊」を示す)の5番目のアルファ作戦分遣隊」と読み解ける。

なお、2008年以降、特殊部隊グループは増強され4個大隊(12個中隊)編成となったため、これに伴いODAの後につづく数字も4桁となった。

M1A1カービン（SOPMOD）

ナイツアーマメント社製
バーチカルフォアグリップ

劇中のネルソン大尉は以下のアイテムを重ねて着装している。

・DCU（下に防寒セーターとECWCSフリースジャケットを着用）
・海兵隊用AAV-Ⅱ/QRボディアーマー（クイックリリース機構が備わったAAVの改良型）
・BHI社製コマンドチェストハーネス（現行型）

個人携行火器はM4A1とM9自動拳銃。M4A1はSOPMOD（特殊作戦専用改修）モデルで、AN/PEQ-2赤外線レーザーサイト、Surefire社製M660ウェポンライト、ナイツアーマメント社製バーチカルフォアグリップ、4倍率のトリジコン社製ACOG光学照準器をピカティニーレイルを介して各部に装着している。M9自動拳銃は右太腿に吊るしたサファリランド社製6004ホルスターに収納して携行。

シュマーグ

AAV-Ⅱ/QRボディアーマー

トリジコン社製
ACOG光学照準器

コールドスチール社製
SRKコンバットナイフ

AN/PRC-148
無線機

THALES社製
無線機用
スピーカーマイク

M4A1カービン用
弾倉パウチ

BHI社製
コマンドチェストハーネス
DCU

サファリランド社製
6004ホルスター

本来は海兵隊用の装備である
AAV-Ⅱボディアーマー
写真／webbingbabel

M9自動拳銃

55

はAAV-ⅡやAAV-QRと呼ばれるポイントブランク社製の水陸両用強襲ベストの後期改良型で、本来は海兵隊フォース・リーコン(※1)用の装備だ。現実には陸軍での使用例はほとんど見かけないが、これは急遽派遣されたという設定だからだろうか?

弾薬や無線機などを収納した胸掛け式のチェストリグはブラックホークインダストリーズ(BHI)社製のコマンドチェストハーネス。これは実際の"初期アフ"装備としてもかなりメジャーなアイテム

だ。ただし、撮影時(2017年)には当時のものが用意できなかったのか、樹脂製バックルや小銃用弾倉パウチのフラップデザインなど細部が異なる現行型を使用している。

その他、チェストリグの左肩ストラップにダクトテープで強引に括り付けたコールドスチール製コンバットナイフや、M4カービン用の5.56㎜弾弾倉パウチの一つに無理やり突っ込んだAN/PRC-148無線機、ファーストエイドキットを意味する黒い十字をフラップに描き込んだ右脇下のユーティリティーパウチなど、この時期の陸軍特殊部隊隊員としてなかなかリアリティのあるスタイリングとなっている。

「交差した2本の矢」を象った「特殊部隊」兵科章の真鍮製バッジ
写真/worthpoint

「特殊部隊」兵科章

「U.S.ARMY」テープ

「大佐」階級章

ネームテープ

上から
「SPECIAL FORCES」タブ
「RANGER」タブ
「特殊部隊」袖章
※「AIR BORNE」タブ込み

アメリカ陸軍
第5特殊部隊グループ指揮官
ジョン・F・マルホランド大佐

イラストは、ウズベキスタンK2基地でODA595の指揮をとるマルホランド大佐のスタイリング。DCUの左襟の「特殊部隊」兵科章は「交差した2本の矢」、左袖上腕部の一番上の「SPECIAL FORCES」タブはベトナム戦争後の1980年代に制定されたもの。このタブはその他の「RANGER」「AIR BORNE」タブなどに比べ少々横長なことから俗に"Long Tab"と呼ばれる。それ故にタブ持ち、すなわち特殊部隊員教育課程(通称Qコース)修了者を"Long Tabbers"と呼ぶ。

※1 "Force Recon"(フォース・リーコン)は、
米海兵隊で威力偵察を主任務とする精鋭部隊。

●マルホランド大佐

　続いてODA595が属する第5特殊部隊グループの司令官、ジョン・F・マルホランド大佐のスタイリングから、DCUとそれに縫い付ける徽章類を解説していこう。

　DCUはコットン50%ナイロン50%の混紡、またはコットン100%の生地製の迷彩戦闘服。製造年代により仕立てや裁断に幾つかのバリエーションが確認されているが、デザインは森林地帯向けのウッドランドBDU（Battle Dress Uniform：戦闘服）と基本的に同一。両胸・両腰の4か所にフラップ付きの大きな貼り付けポケットが備わっている。

　DCUは1980年代中頃に米軍地上部隊用に採用されたD-BDUと呼ばれる砂漠地帯用迷彩戦闘服を更新するものとして1990年代初期に採用された。その迷彩パターンは、D-BDUのそれが「チョコチップ」「クッキー・ドゥ」「6カラー」などと呼ばれたのに対し、こちらは「コーヒーステイン」「3カラー」などと呼ばれた。

　なお、被服の更新時期に当たる1991年の湾岸戦争や映画『ブラックホーク・ダウン』でも描かれた1993年のモガディシュの戦いなどでは、旧型のD-BDUと新型のDCUの混用が見られる。

　マルホランド大佐のDCUには、各部に規定通りの布製徽章が縫い付けられている（詳しくはイラストの解説を参照）が、ネルソン大尉らODA595メンバーのDCUには一切の徽章類が取り付けられていない。これは万が一捕虜になった際などに敵に所属や階級を悟られないようにするための配慮で、このような戦闘服を俗に「消毒済み」戦闘服などと呼んでいた。

●スペンサー准尉

　最後に、ODA595のB班リーダーであり、ネルソン大尉の副官でもあるハル・スペンサー准尉の装備を見ていこう。慣れない馬に乗せられた挙句、戦闘前にヘルニアを発症してほとんど身動きがとれず、タリバン兵の自爆に巻き込まれ重傷、一人先に後送されてしまうイイとこ無しの准尉、その軍装スタイリングも一風変わっている。

　まず最も目立ち、かつ謎アイテムなのが劇中を通して着用しているOD単色のパーカー。形状的にはアメリカ軍のM1951パーカーシェルに酷似してい

るのだが、左袖上腕部にMA-1などに備わっているペン挿し付きの小ポケットが確認でき、マニアの間でも「？？」なアイテムなのだ。おそらく准尉の私物の民生品という設定と思われるが、一説には「初期アフ装備の一つとして知られるナイトデザートカモパーカー（※2）を用意したかったんだけど、衣装担当が入手できなかったからその代用ってことなんじゃない？」とも言われており、謎。

　パーカーの上に着用したボディアーマーもチョイ訳有りで、SPCと呼ばれるこのアイテムは、じつは2008年に初めて試用開始されたもの。しかも海兵隊用だ。海兵隊が制式採用したコヨーテブラウン色のそれと異なり、アーマー各部に着装されたパウチ類も合わせて「レンジャーグリーン」と呼ばれるグレーに近いグリーン色となっていることから、民間向けもしくは単にレプリカかもしれない。

　時代設定にこだわるなら、劇中でODA595の他の隊員も着用しているBALCS（※3）アーマーやレンジャーボディアーマーでよかったと思うんだが、やっぱり副官ならぬ副主人公として一風違ったスタイリングにしたかったんだろうか…？

　意外かもしれないが、実はアメリカ陸軍特殊部隊グリンベレーが主役となった映画というのは数えるほどしかない。

　ジョン・ウェイン主演のその名もずばり『グリーン・ベレー』（1968年）はベトナム戦争真っ只中に公開された作品だけあり反共プロパガンダの色合いが強く、『地獄の黙示録』（1979年）ではカーツ大佐が元第5特殊部隊グループの指揮官、『ランボー』（1982年）では主人公ランボーとその上官トラウトマン大佐が共に第5特殊部隊グループ隊員としてベトナムで戦ったという設定だが、どちらもストーリー自体に深く関わることはない。

　近年、アメリカ軍の特殊部隊を描いた映画というと海軍特殊部隊SEALsや陸軍デルタフォースがモチーフになることが多いが（特にSEALsネタは多すぎて把握できないほど）、やはり長年「特殊部隊といえばまずはグリンベレー」という認識で過ごしてきた少々おっさんの筆者にとって、グリンベレーにスポットが当たった映画を観られたことは素直にうれしいのだ。

※2　格子状の迷彩パターンが施されたパーカー。1980年代の装備品で、アフガニスタン紛争初期まで専ら防寒服として着用された。
※3　"Body Armor/Load Carriage System"（ボディアーマー／荷物運搬システム）の略。

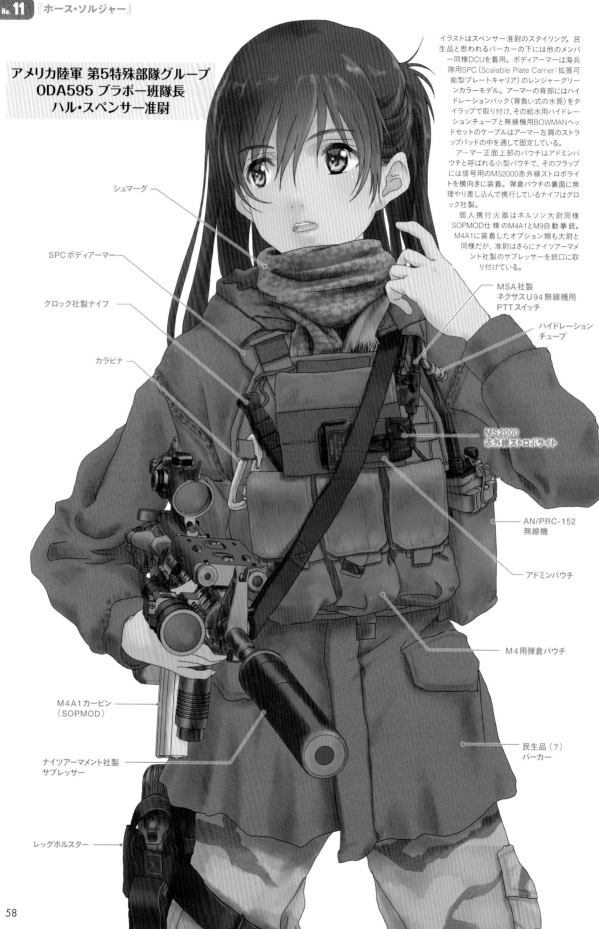

アメリカ陸軍 第5特殊部隊グループ
ODA595 ブラボー班隊長
ハル・スペンサー准尉

シュマーグ

SPCボディアーマー

グロック社製ナイフ

カラビナ

M4A1カービン
（SOPMOD）

ナイツアーマメント社製
サプレッサー

レッグホルスター

MSA社製
ネクサスU94無線機用
PTTスイッチ

ハイドレーション
チューブ

MS2000
赤外線ストロボライト

AN/PRC-152
無線機

アドミンパウチ

M4用弾倉パウチ

民生品（？）
パーカー

イラストはスペンサー准尉のスタイリング。民生品と思われるパーカーの下には他のメンバー同様DCUを着用。ボディアーマーは海兵隊用SPC（Scalable Plate Carrier: 拡張可能型プレートキャリア）のレンジャーグリーンカラーモデル。アーマーの背部にはハイドレーションパック（背負い式の水筒）をタイラップで取り付け、その給水用ハイドレーションチューブと無線機用BOWMANヘッドセットのケーブルはアーマー左肩のストラップパッドの中を通して固定している。

アーマー正面上部のパウチはアドミンパウチと呼ばれる小型パウチで、そのフラップには信号用のMS2000赤外線ストロボライトを横向きに装着。弾倉パウチの裏面に無理やり差し込んで携行しているナイフはグロック社製。

個人携行火器はネルソン大尉同様SOPMOD仕様のM4A1とM9自動拳銃。M4A1に装着したオプション類も大尉と同様だが、准尉はさらにナイツアーマメント社製のサプレッサーを銃口に取り付けている。

伝説のスナイパーの半生を描いた作品

映画『アメリカン・スナイパー』は、実在したアメリカ海軍SEALsのスナイパー、クリス・スコット・カイルのベストセラー回想録『ネイビー・シールズ最強の狙撃手』（邦訳版は原書房刊、原題：American Sniper）を原作とする、彼の半生を描いた作品だ。

映画化にあたり、原作の複数のエピソードを一つにまとめたり、敵スナイパーとの対決が描かれるなど脚色が加えられてはいるが、イラクの戦地において"Legend"（伝説）とまで呼ばれた一人のスナイパーの戦いと葛藤を生々しく映像化している。

クリス・カイルは1999年にアメリカ海軍に入隊し、海軍の中でも最も過酷な選抜試験の一つ、シールズ基礎水中爆破訓練（通称BUD／S）を突破してSEALs隊員となった。2001年9月11日の米国同時多発テロの後、イラクのファルージャに派遣され、アルカイダ掃討作戦にスナイパーとして従軍。イラクへの派遣は四度に渡り、その間に160回以上とも言われる狙撃を成功させる。

四度の派遣でそれぞれ異なる軍装

劇中でブラッドリー・クーパー演じるクリスが身につけている軍装や携行火器は、綿密なリサーチのもとリアルに再現されている。そして、それらを良く観察すると、四度に渡るイラク派遣でそれぞれ微妙に異なっていることに気づくはずだ。

◇一度目の派遣時

●戦闘服&ボディアーマー

着用している迷彩戦闘服は、茶系3色の迷彩パターンが施されたDCU（Desert Camouflage Uniform：砂漠迷彩戦闘服）を特殊部隊向けにカスタマイズしたDCU RAID MODと呼ばれる戦闘服。その上にPACAボディアーマーを着用している。自伝によると、実際のクリスは戦地では派遣ごとに異なったボディアーマーを着用しているが、映画の劇中では軽量で見た目のすっきりしたこのボディアーマーを常に着用している。重装備の海兵隊員とは見た目が明らかに異なるので、クリスの画面上でのアイコンにもなっている。

アイコンといえば非戦闘時も常に被っているカーキ色のベースボールキャップもその一つ。このキャップは中東を作戦地域に受け持つSEALチーム3C小隊オリジナルのもの。

こういった「アイコンとなるアイテムを常に身につけさせ、見た目を印象付けることでキャラクターを判別しやすくさせる」「一貫したスタイルを取らせることで、観客の無用の混乱を防ぐ」という配慮は、特に登場キャラクターが皆同じような軍装を身につけている戦争映画では重要なことだ。

●個人携行装備

ベースとなるイーグル・インダストリーズ社製のローデシアン・リーコン・ベスト（RRV）に3連汎用弾倉パウチやAN/PRC-148無線機用パウチ、SAW（分隊支援火器）アモパウチ、敵味方識別用のVIP IRライトなどを装着している。

自伝でも、このRRVをベースにセットアップした装備は戦地で有用だったと語られている。狙撃時のプローン（伏せ撃ち）姿勢の際は、背面ストラップのバックル一つを外すだけでベストを展開でき、ベストに装着したパウチから弾倉を抜きやすく、かつ狙撃姿勢の妨げにならないとのことだ。

RRVに取り付けた装備で特筆すべきは、SOCOM Mk.13ボルトアクション・ライフルやMk.11 Mod.0セミオート・ライフルに装着できるQDサプレッサー（減音器）。RRVの中央、三連弾倉パウチの上部に横向きに、数本のゴムバンドで装着している。これにより必要な時にサプレッサーを強く引っ張るだけでバンドが千切れ、銃に素早く装着することができる。この携行法はクリス本人を含むSEALs隊員らの戦場写真でも確認でき、映画スタッフの綿密なリサーチが伺える。

●ヘルメット

正面にシュラウド（暗視装置を装着するためのマウントベース）を取り付けたMICH2000ヘルメッ

BOWMAN ラジオヘッドセット

MICH ヘルメット

OPS-CORE VAS シュラウド
（暗視装置用マウントベース）

ローデシアン・
リーコン・ベスト
（RRV）

PACA ボディアーマー

QD サプレッサー

GARMIN
フォアトレックス GPS

DCU（砂漠迷彩戦闘服）

シグナル／スモーク
グレネードパウチ

スプリングフィールド
TRP オペレーター

サファリランド
6004 ホルスター

VIP IR ライト

TEA 無線用 PTT スイッチ

ナイトフォース
NXS 8-32×56
スコープ

メカニクス
オリジナルグローブ

三連弾倉パウチ

ハリス社製バイポッド

アメリカ海軍SEALチーム3 クリス・カイル一等兵曹

イラストは一度目の派遣時のクリスの軍装スタイル。手にしたナイツアーマメントMk.11Mod.0は、ナイツアーマメント社製SR-25狙撃銃をベースに、米海軍SEALsの要求を盛り込んで開発されたスナイパーウェポンシステム。使用弾薬は7.62×51mm NATO弾、ガス圧作動で、米軍制式のM16アサルトライフルやM4カービンシリーズと約60％ものパーツ互換性を有している。狙撃銃でありながら連射性能に優れるセミオートマチック・ライフルであり、狙撃銃とは別に、自衛用のアサルトライフルやカービンを必要としない点で優れている。
上半身はカスタマイズされたDCUの上にPACAボディアーマーを着用し、さらに各種のパウチ類を装着したローデシアン・リーコン・ベスト（RRV）を身につけている。ベストの下部に付いたブラックホーク社製（もしくはそのクローンのCONDOR社製）の三連弾倉パウチは、特定の銃器の弾倉用ではなく、M4カービン系の5.56mm弾、Mk.11Mod.0用の7.62mm弾、AK系の弾倉も収納できるようサイズが工夫されている。

略称表記について　DCU：Desert Camouflage Uniform（砂漠迷彩戦闘服）、IR：InfraRed（赤外線）、MICH：Modular Integrated Communication Helmet（モジュラー統合型通話ヘルメット）、PACA：Protective Apparel Corporation of America（メーカー名）、PTT：Push to Talk（押しボタン式通話）、QD：Quick Detachable（脱着式）、VIP：Visual Identification Projector（視覚識別投光器）

ト。ヘルメットの下にはヘルメットと干渉しないよう薄く軽量に作られたBOWMAN社製の無線用ヘッドセットを着用し、RRVの左肩に取り付けた無線機用PTTスイッチと接続している。

●ハンドガン

　サイドアームは.45口径のスプリングフィールド社製TRPオペレーター。コルトM1911A1のクローンモデルで、民生品だがカスタムパーツやアンダーレイルマウントを備えるなどタクティカル仕様となっている。クリスはこの銃を、戦闘時は黒い強化樹脂製のサファリランド社製6004レッグホルスターに、兵舎などではビアンキ社製茶革シューティングベルトに通した黒いレザーホルスターに収納して携行している。

◇二度目の派遣時

　翌年の二度目の派遣では、基本的な装備は変わらないものの、サイドアームとホルスターが変更されている。映画では描かれていないが、ある作戦中に反政府武装勢力から投げられた手榴弾が至近で爆発したものの、右太腿のホルスターに収めたTRPオペレーターがその破片を受け止めたことで九死に一生を得た、という話が原作で語られている。

　このエピソードを盛り込んでか、破損したTRPオペレーターをSIGザウアー社製のP220で更新している。なおSEALsの制式採用拳銃は9mmパラベラム弾を使用するSIGザウアー社製Mk.24（P226の米海軍向けモデル）だが、クリスもいわゆる「.45口径弾信奉者」の一人だったらしく、あえて.45口径弾仕様のP220を選んでいる。

◇三度目の派遣時

　三度目の派遣では、通称「パニッシャー・スカル」（断罪者・誅罰者の髑髏）をPACAボディアーマー

ナイツアーマメント
Mk.11Mod.0

の前後にステンシルで大きく描いている。この元ネタは映画化もされたアメコミ"THE PANISHER"。ギャングに妻と娘を殺された元軍人の主人公が、世の凶悪犯への復讐を誓って冷徹な処刑人となるというダークヒーローもので、この主人公が着用するコスチュームに描かれているのがパニッシャー・スカルなのだ。

　自分たちを同時多発テロの犠牲者と戦死した戦友のための「断罪者・誅罰者」になぞらえたもので、自らを「パニッシャーズ」と名付けたSEALチーム3C小隊の隊員に留まらず、陸軍や海兵隊兵士の間でも広く用いられたモチーフの一つだ。

　このパニッシャー・スカルを見せるため（?）か、一度目の派遣時から引き続き着用しているRRVは、胸のビブ（Bib：胸当て）部分をRRV本体に収納して着用している。また無線機のヘッドセットはBOWMAN社製のものから簡素なイヤホン式のものへ、またそれに合わせて無線機ケーブルの取り回しも変更されている。

◇四度目の派遣時

　クリスにとって最後の出征となる四度目のイラク派遣。この時のクリスの軍装は基本的に前回と変わらないが、左腕のベルクロテープ部分にタンカラーの盾型パッチを取り付けている。これは前回派遣の際に頭部を撃たれて戦死したクリスの同僚、マーク・アラン・リーを追悼するもの。右手首には同じく名前入りのシリコン・ブレスレットを付けている。

　狙撃銃は、これまで使用してきたSOCOM Mk.13からより強力で遠射力に優れた.338ラプアマグナム弾を使用するマクミラン社製TAC-338Aに持ち替え、元射撃オリンピック選手の敵スナイパー、ムスタファとの狙撃対決に勝利する。

英雄の苦悩と衝撃的な結末

　いわゆる「伝記映画」というものは、歴史上の過去の人物を描くものが大半なのだが、この『アメリカン・スナイパー』は存命中のクリス本人の了承の元に制作が開始されている点が興味深い。

　クリスが長期に渡る戦地での心の摩耗をきっかけに海軍を退役したのは2009年。その後は民間軍事会社を設立すると共にPTSDに悩む帰還兵を支援するための団体を立ち上げる。2012年1月にこの

アメリカ海軍SEALチーム3 クリス・カイル兵曹長 ①

下のイラストは劇中でクリスが着用している戦闘服。通常の迷彩戦闘服の各部を特殊部隊向けにカスタマイズしたものを"RAID"（襲撃）仕様と呼んでいる（MODはModify＝改良、改造を意味する）。最も大きな改造点は、両腰部のポケットを外して、逆に両袖の上腕部にポケットを増設している点。ラペリングハーネス等の邪魔にならないよう、ジャケットの裾をトラウザーズ内にたくし込んで着用することが多い特殊部隊員向けのカスタマイズである。

映画の原作となる回想録を出版するやたちまちベストセラーとなり、その年の5月には早くも映画化が決定。脚本打ち合わせや撮影の準備が始まっていた矢先の2013年2月、クリスは同じくPTSDに悩む若い元海兵隊員によって殺されてしまう。

これを受けて映画の脚本は大幅に書き直され、何時間か後に自分を射殺することになる若者と連れ立って射撃場に向かうシーンと、クリス本人の実際の葬儀の映像で映画は終わる。

クリス自身とこの映画への評価は、いわゆるリベラル派と保守派でアメリカ世論を二分したという。その評価は様々だが、生前のクリスの願いであった「PTSDに悩む退役軍人たちへの関心と支援」に光が当たるきっかけの一つになったことは間違いないだろう。その意味では、誤解を恐れずに言えば「彼の死をもって完成してしまった映画」、とも言えるのではないだろうか。

SEALチーム3
C小隊キャップ

DCU RAID
MODジャケット

CPO（兵曹長）階級章

「海軍特殊戦」章

移設されたポケット

SIG P220
自動拳銃

P220用予備弾倉パウチ

ビアンキB9レザーベルト

DCUトラウザーズ

メレル MOAB Mid
トレッキングシューズ

アメリカ海軍SEALチーム3 クリス・カイル兵曹長②

ローデシアン・リーコン・ベスト
（Bib：胸当て部は収納済み）

PACAボディアーマー

「パニッシャー・スカル」

AN/PRC-148無線機

マクミランTAC-338A
タクティカルライフル

SAWアモパウチ

三連弾倉
パウチ

ビアンキB9
レザーベルト
＆P220用ホルスター

SIG P220
自動拳銃

イラストは四度目の派遣時のクリスの軍装スタイル。手にしたマクミランTAC-338Aタクティカルライフルは、SEALsの要請でマクミラン社が開発したボルト・アクション式の狙撃銃。フィンランドの弾薬メーカー、ラプア社製の.338口径マグナム弾を使用する。この弾薬は過去三度の派遣時に使用してきたSOCOM Mk.13（レミントンM700の米海軍向けカスタムモデル）の使用弾薬 300 Win Magよりも遠射性に優れており、映画のクライマックスでは敵のスナイパーであるムスタファの長距離狙撃に成功。史実におけるクリスも、この銃と弾薬を使用して距離1,920mからの狙撃に成功している。

上半身に身につけたアイテムは、基本は一度目の派遣時と変わらないが、PACAボディアーマーの前面／背面にステンシルで描かれた「パニッシャー・スカル」と、折りたたんだローデシアン・リーコン・ベストのBib部分、フラップをパウチ内側に折り込んでオープントップ仕様とした三連弾倉パウチなどから少々異なった印象を受ける。

ベストの左脇下部に装着しているSAWアモパウチは、M249軽機関銃（分隊支援火器）の5.56mm弾ベルトリンク（200発）やM4カービン用弾倉（30発）7本を収納できる他、本体上部にラバー製のフタを取り付けることで空になった弾倉などを収納するダンプパウチとしても使用することができる。

『13時間 ベンガジの秘密の兵士』
（原題:13 Hours The Secret Soldiers of Benghazi／2016年・米）

秘密の兵士たちの知られざる戦い

『13時間 ベンガジの秘密の兵士』は、2012年にリビアで起きた米国在外公館襲撃事件を取材したジャーナリスト、ミッチェル・ザッコフによる同名のノンフィクション作品を原作とするセミ・ドキュメンタリー映画だ。以下は大まかなあらすじ。

2012年、騒乱が続くリビアから各国の大使館職員が国外退去する中、米国はカダフィ政権崩壊後に残された兵器の流出を監視するため、領事館と秘密裏に設置された「アネックス」（Annex：別館の意味）と呼ばれるCIA基地をリビアの大都市の一つベンガジに残していた。

同年9月11日の夜、大使らが駐在する米国領事館がイスラム過激派による攻撃を受ける。CIA基地の警護に当たっていた、元軍人で構成される民間警護チーム「GRS」（グローバル・レスポンス・スタッフ）の6名は大使らの救出を志願するが、リビア国内には存在しないことになっているCIA基地とGRSの存在が国際的に露呈することを恐れたCIAは彼らの出動を禁じる。結果、領事館は制圧・放火され、大使は音信不通に。遂にGRSの6名は命令に背いて大使らの救出に向かうが——

ストーリーはGRSの6人を中心に進んでゆくのだが、ここで色々と問題が…。

まず、致命的に「6人の見分けがつきにくい」。基本的に全員髭面。さらに戦闘時は6人とも同じデザインのヘルメットを被っているので、服装やプレートキャリアの色、携行する小銃の種類などで見分けるしかない…と思ってたら、戦闘中に銃を持ち替えたり紛失して別の銃を使ったりするのでさらに混乱してしまう。

劇中後半のほとんどを占める戦闘シーンは11日深夜から翌明け方にかけての出来事なので、画面が暗いのも見分けづらさに拍車をかけている。また、舞台となる戦場は約1マイル（1.6km）離れた米国在リビア領事館とCIA秘密基地「アネックス」の2ステージ構成で、さらにGRSメンバーのうちの数人が別動隊として二つのステージ間を移動するので、初見では「今、誰がどこで何をしてるのか」、そもそも「今画面に写ってるコイツは誰だ？」と分かりにくくなってしまっているのだな。

これが完全なフィクションであれば、演出としてキャラクターに個性をつけられるのだが、実際の出来事、実在の人物を描いている以上、仕方ないことかもしれない。

GRSメンバー6人のスタイリング

さて、ここからはGRSメンバー6人それぞれの略歴とスタイリングをざっくりまとめてみよう。本作を未見の方は、ぜひ参考にしていただきたい。

● "ジャック" ことジャック・シルバ

本作の主人公で、友人ロンからの誘いでGRSの一員となる元米海軍SEALs隊員。携行火器はM4A1カービンとSIGザウアーP226R自動拳銃。ストーリー後半のCIA秘密基地「アネックス」での戦闘時はPMC（民間軍事会社）オペレーター然としたスタイルとなっている。

ブルーグレー色の長袖ヘンリーネックシャツに、ブラックホークインダストリーズ（BHI）社製のタン色タクティカルパンツを着用。その上に各種タクティカルギアや弾倉パウチを装着したCONDOR社製コンパクトプレートキャリアを装備している。腰に巻いた装備用ベルトには、バックアップ用のハンドガンを収納したコーデュラナイロン製のレッグホルスターを連結し、2本のストラップを利用して右太腿のサイドに固定している。

● "ロン" ことタイロン・S・ウッズ

GRSベンガジチームのリーダーで、ジャックの友人。元米海軍SEALs隊員でソマリア、イラク、アフガニスタンへの従軍経験があるベテラン。救急救命士、パラメディック（※1）の資格も有している。

携行火器はM4カービンのクローン銃 サリエントアームズ・インターナショナル（SAI）社製GRYライフルと、グロック19のクローンで同じくSAI社製G19ハンドガン。「アネックス」防衛戦では7.62

※1　パラシュート降下技能を有し、さらに高度な救命・救急医療処置が可能な衛生兵または救難隊員。

在リビアCIA基地「アネックス」
GRSベンガジチームメンバー
ジャック・シルバ

無線機用咽喉マイク

CONDOR社製
コンパクトプレートキャリア（CPC）

「パニッシャー・スカル」
ワッペン

MAGPUL社製
MOEストック

デューティー
ベルト

SIG ザウアー社製
P226Rハンドガン

CONDOR社製
トルネードタクティカルレッグホルスター

M4カービン用バンジースリング

無線機用PTTスイッチ

ハンドガン用予備弾倉

INOVA社製
24/7フラッシュライトシステム

M4カービン用
ダブルマガジンパウチ

EAGLEインダストリーズ社製
ハンドグレネードパウチ

EOTech社製
552.A65
ホロサイト

AN/PEQ-15
夜間照準器

M4A1
カービン

BHI社製タクティカルパンツ

"ジャック"が身につけているCONDOR社製コンパクトプレートキャリア（CPC）は、身頃の前後にセラミック製抗弾プレートを挿入することができ、各部に縫い付けられた1インチ（2.54cm）幅のPALSテープを介して様々なタクティカルギアを任意の位置に装着できる。CPCの正面には同じくCONDOR社製のM4用ダブルマガジンパウチを三つ並べて装着しており、計9本のM4用予備弾倉を携行できる。左胸にハンドガン用予備弾倉パウチ、左脇下にEAGLEインダストリーズ社製ハンドグレネードパウチを装着し、その他、ラペリング用カラビナやダイヤル式の赤外線対応シグナルLEDライト（INOVA社製24/7フラッシュライトシステム）、黒い円形の無線機用PTT（押しボタン式通話）スイッチなどを装着している。

首に掛けた無線機用咽喉マイクは喉の振動を直接拾って伝えるもので、CPC背面に装着したラジオパウチに収納したAN/PRC-152無線機とカールコードで接続している。

タクティカルパンツはBH社製「ウォリアーウェア」シリーズのもの。腰回りのデューティーベルトにストラップを介してレッグホルスターを連結することで、ホルスターに収納したハンドガンの重量を腰全体で支えている。ハンドガンはSIGザウアー社製P226R。

メインウェポンはM4A1カービン。伸縮式ストックはMAGPUL社製MOEストック、リアサイトは同社製MBUS（マグプル・バックアップサイト）に交換し、さらに同社製バーチカルフォアグリップをレイル下部に追加。光学サイトはEOTech社製552.A65ホロサイト・イ・ルとAN/PEQ-15夜間照準器。レイルの右側にはタンカラーのSurefire社製M952ウェポンライトを装着している。弾倉は強化樹脂製のMAGPUL社製P-MAGで、M4カービンを装備するGRSメンバーはこのタイプの弾倉で統一している。

65

mm NATO弾を使用するM240B軽機関銃も使用。

　服装は赤茶色のチェック柄シャツにタン色タクティカルパンツ。その上に5.11タクティカル社製のカーキ色TACTECプレートキャリアとカーキ色のCONDOR社製RONINチェストリグを重ねて着用している。装備用ベルトはBHI社製の黒色デューティーベルトで、同社製の強化樹脂製SERPA CQCレッグホルスターを右太腿部に吊っている。

● "タント"ことクリス・パロント

　軽機関銃手。元米陸軍レンジャー隊員で、州兵で

の軍務経験もある。彼のみ半ズボン姿で戦闘に臨むので見分けがつきやすい。

　携行火器は、空挺（パラ）仕様に軽量化されたM249軽機関銃（4倍率のACOG照準器付き）とM4A1カービン。服装は黒色Tシャツに5.11タクティカル社製のタン色ハーフパンツ。プレートキャリアは黒色の5.11タクティカル社製TACTECプレートキャリア。ロンと同型・色違いのものだが、ロンはTACTECの上にさらにチェストリグを着用しているのに対し、タントは機関銃手らしく無線機以外のタクティカルギアをプレートキャリアに付けていないので非常にシンプルなスタイリングとなっている。

● "オズ"ことマーク・ガイスト

　警察官としての経歴も持つ元米海兵隊軍曹。携行火器はM4A1カービンをメインとしているが、事件前日の武器取引現場監視／狙撃任務では高倍率スコープ、サプレッサー付きのHK417自動小銃も使用している。

　「アネックス」防衛戦ではレンガ色の半袖ポロシャツにタン色タクティカルパンツを着用。プレートキャリアはカーキ色のFisrt Spear社製シージRラピッドリリースアーマーキャリア。各部に樹脂製クイックリリースバックルが備わっており、ストラップを引くことで容易に除装できる。予備弾倉はフラップのない樹脂製のITW社製FASTマグパウチに収

在リビアCIA基地「アネックス」 GRSベンガジチームメンバー マーク"オズ"ガイスト

　襲撃前日の9月10日、武器取引現場をビルの屋上から警戒／狙撃待機する"オズ"のスタイリング。日中・基地外での活動のためか、黒色Tシャツにブルーのデニムパンツという軽装となっている。ライフルの射撃用レスト代わりに5.11タクティカル社製のレスポンダー84バックパックを使用している。

　カーキ系の迷彩塗装が施された狙撃用ライフルは、ヘッケラー＆コッホ（H&K）社製のHK417。7.62×51mm NATO弾を使用するHK417は、H&K社が開発した5.56×45mm NATO弾使用のアサルトライフルHK416の口径拡大型だ。劇中に登場したものは、セレクターレバーや刻印からHK417A1と呼ばれる後期型であることが伺える。アッパーレシーバーにはNightForce社製のNXSスコープをマウントを介して装着。スコープの対物レンズ部がハンドガードの先端からはみ出すほど長く見えるが、これはアフリカの強烈な日差しを避けるための脱着式シェードを装着しているため。サプレッサーはナイツアーマメント社製のSR-25用QD（※）サプレッサリー。

　なお、HK417は高精度バレルを装着したマークスマンライフルモデルがドイツ連邦軍でG28DMRとして採用され、米陸軍においてもM110（SR-25の米軍採用モデル）の後継としてM110A1の名称で採用が決定している。

※"Quick Detachable"の略で「素早く取り外しが可能」の意。

Night Force社製 NXSスコープ

脱着式シェード

納。プレートキャリア右胸には車両緊急脱出用のGarber社製ストラップカッターを装着している。メカニカルなデザインのプレートキャリアや樹脂製のマグパウチなど、6人の中で最も未来的な雰囲気の装備となっている。

● "ブーン" ことデイヴ・ベントン

　元米海兵隊員のスカウト（偵察）スナイパー。「アネックス」防衛戦では袖がグリーン、ボディがグレーの2色トーンのラグラン袖シャツとダークグレー色のタクティカルパンツを着用しており、タント同様見分けがつきやすい。

　携行火器はM4A1カービンとHK417自動小銃。HK417のスコープ前方には夜戦用に着脱可能な暗視装置を装着している。武器取引現場での監視／狙撃任務時にはHK417をオズに譲り、代わりにAAC社製QDサプレッサー、4倍率のACOG照準器付きのSAI社製GRYライフルを使用する。

　プレートキャリアはカーキ色のCONDOR社製MOPC（モジュラーオペレータープレートキャリア）。左右の脇下に追加の抗弾プレートを収納するためのカマーバンドは取り外し、軽量化を図っている。M4用予備弾倉パウチはフラップの代わりにゴムバンドで留めるオープントップタイプ。装備用ベルトやBHI社製SERPA CQCレッグホルスターなども全てカーキ色で統一している。

● "ティグ" ことジョン・タイジェン

　元米海兵隊員。唯一メガネをかけているので判別しやすい。実はジャックもコンタクトレンズによる視力矯正者なのだが、こちらは戦闘中にレンズがズ

してパニックになる一幕も。服装は黒色Tシャツと濃紺色のデニムパンツ姿。携行火器はM4A1カービンだが、領事館の大使救出へ向かう途中、車両に積んでいたM249軽機関銃やH＆K社製40㎜グレネードランチャーHK69A1を持ち出して使用している。

　プレートキャリアはCONDOR社製MPC（モジュラープレートキャリア）。他のメンバーが比較的軽量タイプのプレートキャリアを着用しているのに対し、ティグのMPCは脇の下までカバーするフルカバータイプとなっている。一方パウチ類は控えめで、M4用予備弾倉パウチは装備せず、代わりに脇下左右にEAGLEインダストリーズ社製の汎用パウチを1つずつ装着している。このパウチであればM4用予備弾倉の他、5.56㎜ NATO弾100連ベルトリンクも収納できるので、M4A1カービンからM249軽機関銃に持ち替えることとなったティグにはもってこいの装備だろう。

　この他、GRSベンガジチームの救援に向かうグレン "バブ" ドハティらGRSトリポリチームメンバーはMk.18 Mod.0 CQBカービンを、同じく救援に向かう米陸軍デルタフォースの2名はHK416を装備しているなど、多彩な銃器が登場するのもこの映画の見所の一つだ。

意外に良作な社会派戦争アクション

　この映画、実は日本国内では劇場未公開で、ソフト販売とネット配信のみで公開された作品だ。しかし、観る前の予想に反して社会派セミ・ドキュメンタリー映画としても戦争アクション映画としても面白い作品だった。事件の根底にある「民主化の美名の下に他国を武力で引っ掻き回した挙句、結局そこの民衆を見捨てる身勝手な米国」への批判もちゃんと描かれている。

　敵と味方の判別がつかないような戦場で、CIA上層部との確執に悩まされながら圧倒的に不利な籠城戦を強いられるGRSチームメンバー。公には存在を認められていない元エリート軍人たちのチームが、国家の命令に反し、自ら信じる正義感に基づいて行動を開始するという、お約束だが熱い展開。ネット配信も充実してる本作、未見の人はぜひご覧あれ！

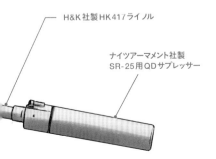

── H&K社製HK417ライフル

ナイツアーマメント社製
SR-25用QDサプレッサー

── 5.11タクティカル社製レスポンダー84バックパック

在リビアCIA基地「アネックス」
GRSベンガジチームメンバー
タイロン"ロン"ウッズ

イラストは"ロン"のスタイリング。チェックのシャツは民生品で、タクティカルパンツは5.11タクティカル社製のもの。CONDOR社製TACTECプレートキャリアをほぼ素のまま着用し、その上から同社製RONINチェストリグを重ね着している。パウチ類は全てチェストリグに装着しているので、装具一式を下ろした状態でも身を守るアーマーだけは身につけていられるというメリットがある。

チェストリグは前開き式で、身体右側面のパネルにはM4カービン用ダブルマガジンパウチを二つと戦闘用止血帯、左側面のパネルにはラジオパウチに収納したAN/PRC-152無線機、小型のツールナイフ、ハンドガン用予備弾倉パウチをそれぞれ一つ装着している。無線機のケーブル類やPTTスイッチはチェストリグ左側のショルダーストラップ上に通し、ダクトテープで縛着している。左肩にはINOVA製24/7ライトを装着。プレートキャリア前面のPALSテープには赤色の使い捨てケミカルライトスティックを2本、医療用ハサミを差し込んで携行している。

腰の装備用ベルトはBHI社製デューティーベルト。右腰に吊るした同社製の樹脂製SERPA CQCレッグホルスターにはバックアップハンドガンとしてSAI社製G19を収納。

メインウェポンはM4カービンのクローンの一つであるSAI社製GRYライフル。レシーバーと一体化したハンドガード部、イラストでは見えないがハンドガード先端に一体化する形で装着された「ジェイルブレイク」マズルデバイスと、ボルト部が亜硝酸チタンコーティングによって金色となっているのが特徴だ。

光学サイトはEOTech社製552.A65ホロサイトとAN/PEQ-15夜間照準器で、他のGRSメンバーのM4A1カービンのセッティングと同一。弾倉も他メンバーと共通のP-MAGとなっている。

無線機用咽喉マイク

INOVA社製24/7フラッシュライトシステム

CONDOR社製RONINチェストリグ

無線機用PTTスイッチ

CONDOR社製TACTECプレートキャリア

医療用ハサミ

ダクトテープ

AN/PRC-152無線機

ラジオパウチ

MAGPUL社製SLストック

M4カービン用ダブルマガジンパウチ

BHI社製デューティーベルト

MAGPUL社製P-MAG

5.11タクティカル社製タクティカルパンツ

SAI社製G19ハンドガン

BHI社製SERPA CQCレッグホルスター

EOTech社製552.A65ホロサイト

亜硝酸チタンコーティングされたボルト部

AN/PEQ-15夜間照準器

SAI社製GRYライフル

ハンドガードと一体化した"JAILBREAK"マズルデバイスを装着したSAI社製GRYライフル。このデバイスには発射炎が左右に広がらないようにする効果もある　写真／SAI

No.14 『ハンターキラー 潜航せよ』(原題:Hunter Killer／2018年・米)

米海軍の原子力潜水艦とSEALsが登場

『ハンターキラー 潜航せよ』は、同名の小説(邦訳版は早川書房より刊行)を原作とした軍事アクション・スリラー映画だ。タイトルの「潜航せよ」から窺えるように、本作では潜水艦がストーリー上の重要な役割を担っている。「ハンターキラー」(Hunter Killer)とは攻撃型潜水艦(※1)のことで、魚雷を主兵装とし、敵の水上艦艇や潜水艦を捕捉し、攻撃するのを任務とする。

原作小説の共著者の一人であるジョージ・ウォーレスは元アメリカ海軍中佐で、1990年2月から1992年8月までロサンゼルス級攻撃型原子力潜水艦「ヒューストン」の艦長を務めた人物だ。

またウォーレスはその在任中、米海軍の特殊部隊SEALsと共に働き、潜水艦と特殊部隊が連携する戦術の発展に努めた。そこで得た知見は、原作小説とそれを基にしたこの映画の内容にも色濃く反映されており、劇中ではSEALsの隊員たちが、主人公の潜水艦艦長と並ぶ「もう一方の主役」といっていい扱いを受けている。

映画の製作には、米国防総省と米海軍が全面協力。撮影に先立って監督のドノヴァン・マーシュと主演のジェラルド・バトラーが実際のバージニア級原潜の艦内を見学し、各種の助言と演技指導を受けたほか、ハワイのパール・ハーバーに寄港している原潜が2日間にわたって開放され、特別に艦内での撮影が許可された。艦が潜水する様子も撮影したマーシュ監督は、「8,000トンもの巨大な機械が潜っていく映像は、CGでは絶対に作り出せないと思った」と語っている。

「アーカンソー」の叩き上げの新任艦長

本作の時代設定は現代で、物語の主な舞台となるのはバレンツ海(北極海のヨーロッパ側の一部)である。

ロシア領のバレンツ海で、アメリカ海軍の原子力潜水艦「タンパ・ベイ」が消息を絶った。報せを受けた米国防総省は「タンパ・ベイ」の捜索のため、新任のジョー・グラス艦長が指揮する原子力潜水艦「アーカンソー」を派遣する。

同じ頃、ムルマンスク州のポリャルヌイ海軍基地を視察に訪れていたロシアのザカリン大統領は、出迎えたドゥロフ国防大臣の一派により身柄を拘束される。海軍提督でもあるドゥロフは、ザカリンの弱腰な外交政策に反感を抱いており、かねてから計画していたクーデターを実行に移したのだ。

ロシアで何か不測の事態が起きていることを察知した米国防総省は、海軍の特殊部隊SEALsの隊員4名をポリャルヌイに秘密裏に潜入させ、情報を集めようとする。SEALs隊員、そして「アーカンソー」によって次第に明らかにされるクーデターの全貌。それはロシアのみならず、全米をも揺るがすものだった——

劇中には、第6艦隊所属のバージニア級原子力潜水艦「アーカンソー」をはじめ米露の複数の潜水艦、水上艦艇が登場する。それら各艦の艦級は実在のものだが、艦名の方は「アーカンソー」を除いてほぼ架空のものとなっている。実在のバージニア級原潜「アーカンソー」(艦番号:SSN800)は2014年4月に発注されたが、本作の製作中はまだ建造中で、2023年の就役が予定されている。撮影に米海軍が協力していることから、作品自体が新造艦のPRを兼ねているという見方もあながち間違いではないだろう。

劇中の前半で「アーカンソー」の新任艦長として着任するジョー・グラス中佐(演:ジェラルド・バトラー)は、着任時の挨拶で語られるとおり海軍兵学校(米海軍の士官学校)を出ておらず、いち水兵から艦長まで上り詰めた叩き上げという設定だ。実際には、こうした例は珍しくはあるが皆無というわけではなく、「部下の気持ちが分かる艦長」という印象を観客に与えるには良い演出といえる。グラス艦長は魚雷発射管の清掃からソナー員まで経験してきた生粋の潜水艦乗りだ。

●グラス艦長と乗員たちのスタイリング

グラス艦長と「アーカンソー」の乗員たちは、劇中のほぼ全編にわたって2017年から導入が開始された新型カバーオールを着用している。これは濃紺の

※1 英語では "hunter-killer submarine" または "attack submarine" と呼ばれる。

単色のつなぎ（作業服）で、旧型カバーオールに比べて素材の難燃性が向上しているのが特徴だ。実質的に艦内専用で、陸上では限られた条件下でのみ着用が許される。

潜水艦戦闘徽章（Submarine Warfare insignia）の真鍮製バッジ。銀色のものは水兵〜兵曹クラスが着用。士官用は金色となる　写真／U.S. Navy

艦艇指揮官章（command-at-sea insignia）の真鍮製バッジ　写真／U.S. Navy

中佐階級章

艦艇指揮官章

潜水艦戦闘徽章（士官用）

ネームタグ

グラス艦長は、このカバーオールの襟に中佐の階級章を、右胸に艦長の証である艦艇指揮官章をつけている。

サービスユニフォーム用ベルト

レザーマン社製ツールパウチ

新型カバーオール（IFRV）

アメリカ海軍第6艦隊攻撃型原子力潜水艦「アーカンソー」艦長ジョー・グラス中佐

イラストは本作の主人公、ジョー・グラス中佐の原潜「アーカンソー」ブリッジにおけるスタイリング。

着用しているのは2017年秋から正式導入された新型のカバーオール（Working Uniform Coverall）。"IFRV"（Improved Flame Resistant Variant：改良型難燃性バリエーション）とも呼ばれる濃紺色のつなぎ型作業用ユニフォームで、旧来のカバーオールのデザインはほぼそのままに、生地への難燃性の付与と着装する徽章類の変更がなされている。事実上、艦内勤務時専用の作業服で、陸上では過度の摩耗が発生しそうな場合にのみに着用が許可される。

前合わせはファスナー留めの比翼仕立て(※)で、比翼の上端、胸元の合わせの位置には金属製のスナップボタンが備わっている。襟は開襟式で、下襟（ラベル）は樹脂製ボタンで閉じて着用することも可能。袖口は同じく樹脂製ボタンで留めるカフ・スタイル。両胸にはフラップ付きの貼り付けポケット、両腰に切れ込みポケット、臀部（でんぶ）左右にも貼り付けポケットが備わっている。

グラス艦長は、このカバーオールの左右の上襟に中佐（commander）の布製階級章を、右胸ポケットの上部に同じく布製の艦艇指揮官章（command-at-sea insignia）を縫い付けている。左胸ポケットの上部には、黒革製のネームタグをカバーオール本体に備わったパイルアンドフック（面ファスナー）で着装している。ネームタグには士官用潜水艦戦闘徽章と着用者の氏名、階級、米海軍所属を示す"USN"の文字が金色の箔押しでプリントされている。潜水艦戦闘徽章は「潜水艦の艦首を挟んで向かい合ったイルカ」がモチーフとなっており、潜水艦乗りのシンボル的なデザインとなっている。

旧来のカバーオールでは"U.S.NAVY"章や名前を刺繍（ししゅう）したネームテープ、各種の布製徽章類をすべて所定の位置に縫い付ける必要があったが、この新型の難燃性カバーオールの採用と同時に、徽章類の着装法も簡素化されている。

腰のベルトはカーキ色のサービスユニフォーム用ベルト。金色のバックル正面には米海軍士官を示す金属製徽章が取り付けられている。正式のバックルは何の装飾もないシンプルなデザインだが、一部の米海軍将兵は正面に自分の職種や階級を示す金属製のミニチュア徽章を取り付けたバックルを着用しており、この文化は海軍内でも半ば黙認されている。なお、カーキ色のベルトの着装が認められるのはCPO（Chief Petty Officer）と呼ばれる上級海曹クラス以上の階級の者のみで、それ以下の下級海曹や水兵クラスは黒色のベルトに銀色のバックルを着用すると定められている。

ベルト左腰に吊り下げたカーキ色の小型パウチはレザーマン社製のツールパウチ。

カバーオールの下にはアンダーシャツとして濃紺色のTシャツを着用しているが、この色のシャツの着用は2019年10月以降許可されておらず、現在はカーキ色もしくは白色のシャツを着用することとされている。本作はこの規則適用前に撮影されたものだ。

※上前の打ち合わせを二重にし、隠しボタンや隠しジッパーにする仕立て。

米海軍では、大型の水上艦艇や潜水艦の艦長の階級は中佐（commander）以上と定められており、このルールに則ったものだ。左胸の貼り付けポケットの上にはネームタグ（名札）をつけている。

これらの他、グラス艦長は「お守りとして必ず持ち歩いている」という、最初の乗艦「ウィチタ」のチャレンジ・コインを腰ポケットの中に入れている。チャレンジ・コインは軍から公式に授与されるものではなく、同じ部隊または同じ艦に所属する将兵たちが身内で作って共有するもので「仲間の証」とも言えるアイテムだ。ネタバレになるので詳しくは書かないが、エンディングで小道具として粋な使われ方をされている。

極秘任務ではやはりSEALsが活躍

前記したとおり、本作では海軍の特殊部隊SEALsの隊員たちが、グラス艦長と並ぶもう一方の主役として描かれている。

彼ら4人の任務は、当初はロシア海軍のポリャルヌイ基地に潜入しての情報収集だったが、ドゥロフによるクーデター発覚後は、基地内に監禁されているロシア大統領の救出へと切り替わる。

4人は輸送機からのHALO降下（※2）で基地の近くに降り立ち、基地内に潜入後はUUV（※3）を使って効率的に情報を集める。だが、新人のマルティネリが左太腿を負傷してしまったため、以後、マルティネリは狙撃によるバックアップにまわり、ロシア大統領の救出は指揮官のビーマン大尉を含む3名で行うことになる。

4名のSEALs隊員は、いずれもA-TACS（FG）迷彩の戦闘服の上にCONDOR社製と思われるプレートキャリアやチェストリグを着用し、M4カービン用の二連弾倉パウチなどを装着している。下半身はやはりA-TACS（FG）迷彩のトラウザーズで、腰のリガーベルトからレッグ・ホルスターやハンドガン用弾倉パウチ、コンバットナイフなどを吊るしている。

なかでも注目したいのは、彼らが身につけている旧式装備。マルティネリがプレートキャリアの右側面に装着しているM1956汎用弾薬パウチは米軍がベトナム戦争時に使用していたものだし、隊員の一人マット・ジョンストンが腰に巻いているのは、なんとイギリス軍が第二次大戦中（!）に使用していた

P1937（1937年型）装備用ベルトだ。これら旧式な装備を身につけている経緯などは劇中で語られないが、それをあれこれ想像するのも楽しい。

なお劇中では4人とも、公にできない任務であるため部隊章や階級章、ネームタグなど所属や個人を特定できる徽章類をいっさい身につけておらず、認識票もHALO降下前に外してしまっている。

潜水艦ものにハズレなし

ところで、映画ファンの間では「潜水艦ものにハズレなし」という言葉が知られている。潜水艦は原則として、その存在を他者に知られてはならない。潜航中に外界の様子を知る主な手段はソナーで、そうした目隠しをされて音だけを頼りとするような状況が「陸モノ」の映画にはない独特の緊張感を生み出すからである。

AR-15系カスタムマークスマンライフル

4名のSEALs隊員のうちの一人、新人狙撃手のポール・マルティネリは、劇中前半の訓練シーンではアキュラシーインターナショナル社製のAX308ボルトアクションライフルを携行しているが、ポリャルヌイ基地への潜入任務では狙撃用にカスタマイズされたAR-15（※）を使用する（イラストは次ページに掲載）。

通常、スナイパーライフルとしては7.62×51mm NATO弾のような中口径以上の弾薬を使用する銃が用いられるが、弾薬補給が望めない任務の困難さを考慮して、他のSEALsメンバー3人との弾薬共通化を図るためか、小口径高速弾である5.56×45mmを使用するAR-15を用いている。

ストックはMAGPUL社製のPRS（Precision Rifle Stock）。射手の体型に合わせチークピースやバットプレートの位置を細かく調整可能。グリップも同社製のMIAD（MIssion ADaptable）グリップ。同じく射手の手に合わせてサイズ調整が可能だ。

銃身長は一般的な14.5インチ（約37cm）で、銃口にはナイツアーマメント社製の556QDCサプレッサーを装備。レイルハンドガード先端下部には折りたたみバイポット（二脚）をレイルを介して装着している。

レシーバー上部に載せた見慣れない大型の光学デバイスは、TrackingPoint社製のPGF（Precision GuidedFirearm）システム用のデジタルスコープ。標的までの距離や高低差、気圧、気温、弾丸の回転偏流（スピンドリフト）、地球の自転によるコリオリ力、マグヌス効果などまでを計算して照準を自動修正する超ハイテクスコープだ。

ただし、実際には弾道コンピューターやバッテリーのための専用下部レシーバーやストックなど一式で運用する必要があり、スコープ単体で機能することはない。劇中のものはスコープの側面にコネクターとケーブルは接続されているものの、ケーブルの先は隠されている。

※米軍制式のアサルトライフルM16のアーマライト（ArmaLite）社における製品名で、ARは"ArmaLite Rifle"の略。

※2　主に潜入作戦で用いられるパラシュート降下の方法で、HALOは "High Altitude Low Opening"（高高度降下低高度開傘）の略。
※3　"Unmanned Underwater Vehicle"（水中の無人機）の略。水中はもちろん、水面より上の映像や音声も記録し、送信できる。

A-TACS(FG)の迷彩パターン
写真／a-tacs.com

アメリカ海軍特殊部隊SEALs 狙撃手 ポール・マルティネリ

イラストは4名のSEALs隊員のうちの一人、新人狙撃手のポール・マルティネリがロシア軍の攻撃に遭い、左太腿を負傷してしまった後のスタイリング。

4名のSEALs隊員が着用している戦闘服は、いずれもA-TACS(FG)と呼ばれるカモフラージュパターンとなっている。A-TACS (Advanced TActical Concealment System：高度戦術隠匿システム)は2010年にDigital Concealment Systems(DCS社)が軍や法執行機関向けに発表した迷彩パターンで、グラデーションを多用したデジタルピクセル柄が特徴。発表当時はマルチカムパターンと人気を二分し、次期ACU(陸軍戦闘服)の迷彩パターンとして採用されるのでは、という噂もあったほどだ。

戦闘服の迷彩パターンは、A-TACSのバリエーションの中でも森林地帯向けに開発されたグリーン系の色調からなるA-TACS(FG)と呼ばれるもの。末尾のFGは"Foliage Green"(木の葉の緑)の略だ。マルティネリの戦闘服は両肩からラグラン袖にかけてのみ迷彩パターン素材が用いられ、ボディはOD単色の伸縮素材のいわゆるコンバットシャツスタイルとなっている。特徴的な肩口のプリーツ形状からPropper社製のコンバットシャツかと思われるが、同社が製造販売しているものはボディにも迷彩パターンが施されているため、劇中のものは同社製品からの改造品、またはコピーメーカーのものであると思われる。パンツはPropper社製のコンバットトラウザーズ。

CONDOR社製と思われるプレートキャリアには、各部に追加装備を着装している。正面には計8本の弾倉を収納できるCONDOR社製M4カービン用二連弾倉パウチを二つ横並びに装着。このパウチの迷彩パターンは戦闘服とは異なり、ブラウンの色調からなるA-TACS(AU)となっている(AUは"Arid Urban"の略で乾燥した地域、都市部を示す)。左肩にはフラップ付きのデバイスパウチを装着。これは狙撃時に銃の側面に装着していた弾道計算用モバイルコンピューターを収納するためのものと思われる。左胸のオープントップパウチはHSGI社製のTACOポーチ。TACOポーチは本来M4カービン弾倉用のものだが、劇中、マルティネリはツールパウチとして使用。その前面にはチームオリジナルの狼かコウモリの顔が描かれたパッチを装着している。左脇下のパウチはTAD Gear社製のRDDP1ダンプパウチ。イラストでは見えないが、右脇下にベトナム戦争時代のM1956汎用弾薬パウチを装着している。

トラウザーズは布製のベルトで腰を締め、その上からリガーベルトを装着。右太腿にはSIGザウアー社製P226自動拳銃を収納したレッグホルスターを装備し、上部のストラップで腰のリガーベルトと連結している。左太腿には作戦開始時はコンバットナイフや拳銃の予備弾倉パウチを装着したレッグパネルを装備していたが、左太腿の負傷後はレッグパネルを廃棄し、戦闘用止血帯を巻いている

CONDOR社製？プレートキャリア
カラビナ
A-TACS(FG)迷彩コンバットシャツ
M4カービン用二連弾倉パウチ ※A-TACS(AU)迷彩
TrackingPoint社製 PGFシステム用デジタルスコープ
MAGPUL社製PRS
HSGI社製 TACOパウチ
デバイスパウチ
戦闘用止血帯
TAD Gear社製 RDDP1ダンプパウチ
AR-15系カスタム マークスマンライフル

マルティネリが右脇下に装着しているM1956汎用弾薬パウチ
写真／M1 Militaria

ナイツアーマメント社製 556QDCサプレッサー

国家間の策謀が渦巻く麻薬戦争が題材

『ボーダーライン』は、アメリカ＝メキシコ国境間で繰り広げられるアメリカ政府機関と麻薬カルテルの「麻薬戦争」をテーマにしたクライムサスペンス映画だ。麻薬を取り締まる米政府機関としては司法省に属する麻薬取締局（DEA）が有名だが、本作でストーリーの中心を担うのはDEAとは別の、国防総省の特別編成チームだ。

連邦捜査局（FBI）捜査官のケイト・メイサーは、メキシコの巨大麻薬組織ソノラ・カルテル撲滅のために編成された国防総省の特別対策チームにスカウトされる。そこには自称「国防総省顧問」のマット・グレイバーをリーダーに、以前メキシコのファレス市で検事を務めていたと名乗り、「コンサルタント」としてチームに同行する素性不明のコロンビア人アレハンドロがいた。

ケイトに告げられた作戦の概要は、カルテルのアメリカ国内におけるトップであるマヌエル・ディアスの足取りを追うことで、彼のボスでカルテルの最高幹部ファウスト・アラルコンの潜伏先を暴くというもの。だが、この作戦には大きな裏があり、ケイトはアメリカ政府上層部の思惑が絡んだ国家間策謀劇に巻き込まれていく。

主要メンバーの多様なスタイリング

まずは劇中冒頭で、誘拐事件の捜査のためアリゾナ州チャンドラーの容疑者アジトを急襲するFBI捜査官ケイトの装備を見ていこう。

●FIB捜査官ケイト

ケイトは女性でありながら自動小銃を手にSWATさながらの重装備で任務に就いているが、引き連れるSWAT——おそらく動員されたアリゾナ州警察のSWATチーム——と似ているようで少々異なったスタイリングとなっている。

プレートキャリア（防弾ベスト）の胸には大きく「FBI」と表記されたベルクロパッチを付けている

他、SWAT隊員が黒いBDU（戦闘服）の上下にショルダーアーマー付きのプレートキャリアを着用しているのに対し、ケイトは身体のラインがはっきりと出る黒い長袖のコンプレッションシャツの上に半袖Tシャツと首回りを保護するトーク、身体にフィットしたデザインのPropper社製女性用タクティカルパンツというスタイリング。「主人公」であり「屈強な突入チームメンバーの中での紅一点」であることを視聴者に印象づけている。

プレートキャリアには各種の予備弾倉パウチや無線機などタクティカルギアを装着しているが、SWAT隊員に比べその装備は控えめで、スリムなシルエットを維持しているのも同じ理由だろう。

なお、このプレートキャリアはCONDOR社製。本格的な作りの割に比較的安価なため、ブラックホークインダストリーズ（BHI）社製のものと同様に、映画用プロップ（小道具）として様々な映画に登場している。

続いては麻薬カルテル特別対策チームのリーダーで自称「国防総省顧問」、だが実は…という謎の男マット・グレイバー。

彼の率いるチームは、まずマヌエル・ディアスの居場所を聞き出すため、メキシコ警察が収監しているマヌエルの兄をアメリカ国内まで護送する任務に就く。この護送作戦にはケイトをはじめ陸軍特殊部隊デルタフォースやDEAのメンバーも参加するが、公にアメリカとメキシコの国境を跨ぐ作戦であるため、全員ワイシャツやデニムパンツといった私服の上にタクティカルギア、プレートキャリアを着用したいわゆる民間軍事会社（PMC）オペレーター風のスタイリングとなっている。

●マット・グレイバー

マットは一見、民間向けのシャツに見えるベージュのタクティカルシャツとカーキ色のトレッキングパンツを着用。プレートキャリアはBHI社製。比較的小型のベストでサイドプレートなどは無し。あくまで警護が任務のため装備品は最低限に抑えている。プレートキャリアの胸元のPALSテープには「グ

カービン用
ワンポイントバンジースリング

"FBI" ベルクロパッチ

ノーメックス製
タクティカルグローブ

モトローラ社製無線機
（MPC背面の無線機
パウチに収納）

アンダーアーマー社製
ヒートギアシャツ

HATCH社製
XTAKエルボーパッド

CONDOR社製MPC
（モジュラープレートキャリア）

Uncle Mike's社製
ウルトラデューティーベルト

グロック19自動拳銃

EAGLE
インダストリーズ社製
ドロップレッグ
ホルスター

HATCH社製
XTAKニーパッド
（左膝用のものを着用）

ハンドガン用
弾倉パウチ

無線機用PTTスイッチ
（ヘッドセットと接続）

M4A1用
弾倉パウチ
（各2本収納×4）

M4A1カービン

EOTech社製
M552ホロサイト

Propper社製
ウーマンズ
タクティカルパンツ

HATCH社製
XTAKニーパッド（上下逆に着用）

アメリカ合衆国司法省 連邦捜査局（FBI） ケイト・メイサー捜査官

イラストはケイトのスタイリング。劇中ではさらにOPS-CORE社製のFASTタクティカルヘルメットも着用している。一般SWAT隊員は全員MICH（※）タイプのヘルメットを着用しており、ここでも画面上で「主人公」を際立たせる配慮がなされている。

上半身に着用したCONDOR社製MPC（モジュラープレートキャリア）には身頃の前後および脇の下にセラミック製抗弾プレートを挿入することが可能。各部に縫い付けられた1インチ（2.54cm）幅のPALSテープを介して様々なタクティカルギアを任意の位置に装着でき、さらに脇の下のサイドプレート収納部は簡易型の予備弾倉収納スリットにもなっている（劇中では未使用）。

腰のデューティーベルトはUncle Mike's社製。幅広のコーデュラーナイロンウェブを重ねて縫い合わせた装備用ベルトで、右太腿のレッグホルスター（グロック19自動拳銃を収納）をストラップを介して接続することで拳銃の重さを腰全体で支えている。肘や膝の保護パッドは陸上自衛隊の一部の部隊でも使用されているHATCH社製XTAKエルボー／ニーパッド。映画のティザービジュアルでは、イラストのように両膝ともに左膝用のニーパッドを装着しているうえ、左膝のニーパッドを上下逆さまに装着している（本来、涙滴型のスリットが空いている方が上）という二重の間違いが確認できる。ブーツはフランス パラディウム社製のズック生地製軽量ブーツ。フランス軍などでの採用例がある。

※ "Modular Integrated Communications Helmet"（モジュール統合型通話ヘルメット）の略。

「リムロック」と呼ばれるITW社製の強化樹脂製汎用コネクターが取り付けられているが、付け方が間違っているのはご愛嬌。

銃はアメリカのカスタムガンメーカー、ダニエルディフェンス社製のDDM4。米軍制式採用小銃であるM16（AR-15）系ライフルのクローンの一つで、M4系の弱点と言われるアッパーレシーバーとフロントレイルの間をボルト留めにより一体化させたシルエットが特徴。軽装なスタイリングに対して、ライフルにはEOTech社製ホロサイトやSurefire社製M720V RAIDウェポンライトなどオプションパーツてんこ盛りなのが賑やかしい。

この護送シーンでは、口封じのために車列を襲撃してくるカルテルのメンバーとそれに反撃するマットのチームメンバーが入り乱れるが、お互い正規の軍隊ではないためか様々な銃器を装備している。

おなじみM4A1カービンをはじめAKMSUクリンコフ（正規のAKS74UではなくAKMをベースに映画プロップ用に改造された通称ハリウッドクリンコフ）やS&W社製M76短機関銃などややマイナーなものも登場しているが、ここで注目（?）すべき銃はM4 MOE CQB-RとH&K MP5SD6だ。

前者のM4 MOE CQB-Rは「そんな銃あったっけ？」と思う読者さんもいるかもしれないが、これなんと台湾のトイガンメーカーG&P社オリジナルの電動エアソフトガン。それをしかもデルタフォース隊員が装備。流石に発砲シーンはなかったけど、プロップにしたってもう少しちゃんとしたの用意すればいいのに…。

後者のMP5SD6は、そもそもアレハンドロが装備するAimPoint社製ダットサイトとサプレッサー付きのMP5A3短機関銃の「代役」としてわずか2カットのみ登場するもの。確かに遠目に見るぶんには両者のシルエットは似ているが、SD6にはダットサイトを載せるマウントが撮影現場で用意できなかったのか、SD6にダットサイトを載せた上で黒いビニールテープ（!）をグルグル巻きにして無理やり固定する、という荒業に出ている。これ持たされた俳優ベニチオ・デルトロ（アレハンドロ役）も「…流石にこれはひと目でバレるんじゃないの？」と不安だったと思うんだが…。

最後は映画のクライマックスで、カルテルの最高幹部アラルコンの邸宅を襲撃するアレハンドロのスタイリングを見ていこう。

●アレハンドロ
シャツとトラウザーズはダブついたBDUタイプのものではなく5.11タクティカル社やPropper社がリリースしているスリムなタクティカルシャツ／トラウザーズ型。プレートキャリアはケイトらと同じCONDOR社製。ギアのセットアップもシンプルで、胸に大型拳銃用のバーチカル（垂直）ホルスターとMP5用の予備弾倉パウチが二つ、背面に無線機用パウチのみとなっている。

メインウェポンは先の護送任務時にも携行していたダットサイト／サプレッサー付きのH&K MP5A3短機関銃。フォアグリップは本来の強化樹脂製のものからRAS仕様に交換されている。右太腿部に吊るしたBHI社製SERPAレッグホルスターにはサイドアームのグロック17を収納。そしてある意味ストーリー上の真のメインウェポンとも呼ぶべき大型拳銃、サプレッサー付きのH&K Mk.23通称「SOCOMピストル」は胸のバーチカルホルスターに収めている。

それにしてもこのキャラクター、黒ずくめの潜入スタイルにMk.23 SOCOMピストル、俳優ベニチオ・デルトロの面長な顔立ちも相まって、某スニーキングミッションゲームの主人公にしか見えないのは僕だけじゃないはずだ。いつ「大佐、アラルコン邸に潜入した。指示をくれ」って言い出すかと思った（思わない）。

原題"SICARIO"の意味と秀逸な邦題

本作は、主人公ケイトが持ち前の正義感、いちFBI捜査官といった立場程度ではとうてい太刀打ち出来ない現実に翻弄され、打ちのめされて幕を閉じる。そしてラストに映画のタイトル、原題である"SICARIO"が静かに表示される。"SICARIO"はスペイン語で、意味は「殺し屋」。映画の冒頭でもSICARIO＝殺し屋と説明されるのだが、ストーリーにのめり込んでいくうちにそんなことはすっかり忘れ、ラストで改めてタイトルを出されることでその真の意味を理解する。

ただ、邦題の『ボーダーライン』というのも、この作品のテーマの一つの側面――善と悪／正義と不

義の境界線──を見事に表していて、昨今とかく叩かれがちな洋画邦題のネーミングセンスとしては秀逸だと思うのだ。

アメリカ＝メキシコ国境の地勢や情勢、メキシコの麻薬カルテル、警察官の汚職問題など我々日本人にはあまり馴染みのない事柄も多く、予備知識が無いと少々状況が分かりにくい

モトローラ社製インカム

ライフル用
ワンポイントバンジースリング

グリムロック

無線機用PTTスイッチ

フラッシュバン用パウチ

BHI社製プレートキャリア

大型汎用パウチ

ダニエルディフェンス社製
DDM4アサルトライフル

MAGPUL社製
P-MAG

TangoDown社製
バーチカルグリップ

Surefire社製
M720V RAID
ウェポンライト

❶MAGPUL社製 MBUSリアサイト

❷EOTech社製 M552ホロサイト

❸MAGPUL社製 MBUSフロントサイト

麻薬カルテル特別対策チーム
チームリーダー
マット・グレイバー

イラストはマット・グレイバーのPMCオペレーター風のスタイリング。ベージュのシャツは一見普通の民生品に見えるが、脇の下の生地が二重になっており簡易ホルスターにもなるタクティカルモデル。カーキ色のトラウザーズはアウトドア系のトレッキングパンツであろう。

プレートキャリア背面の無線機パウチに収納した無線機とPTT(押しボタン式通話)スイッチ、モトローラ社製インカムをそれぞれコードでつなぎ、カールコードは邪魔にならないようプレートキャリア右肩のDリング部で束ねている。フラッシュバン用パウチにはマルチプライヤーやGPSといった小物を収納しているようだ。

プレートキャリア正面の大型汎用パウチにはDDM4アサルトライフルの予備弾倉も収納できるが、チームリーダーという立場から地図や書類、タブレットPCなどを詰めているのかもしれない。

内容ではあるんだけど、二度三度と観ることで気付かせられることの多いこの映画。クライムサスペンス映画としての評価も非常に高い作品なので、未見の読者にはぜひおすすめしたい。

着用しているのはタクティカルシャツとトラウザーズ。プレートキャリアは前掲のイラストでケイトが着用しているものと同じCONDOR社製MPCだが、アレハンドロの場合、胴回りのサイズが合っていないらしく脇の下のサイドプレート収納部のベルクロが留まらずストラップとファステックスバックルのみで閉鎖しているのが見て取れる。
プレートキャリア正面のバーチカルホルスターには、.45口径弾を使用するMk.23 SOCOMピストルにサプレッサーを装着したまま収納。ホルスターの側面(イラスト向かって右側)には予備弾倉を収めるポケットが備わっている。また映画のティザービジュアルでは、イラストのようにXTAKニーパッドを両膝とも上下逆に装着してしまっている。

HATCH社製
XTAKエルボーパッド

CONDOR社製MPC
(モジュラープレートキャリア)

H&K社製
Mk.23 SOCOMピストル

Mk.23用予備弾倉

バーチカルホルスター

Mk.23サプレッサー

MP5短機関銃用
弾倉パウチ

BHI社製
ロウエンフォースメント用
デューティーベルト

グロック17自動拳銃

5.11タクティカル社製
TACLITE2 ライトウェイト
セカンドスキングローブ

BHI社製SERPA
レッグホルスター

タクティカル
トラウザーズ

HATCH社製
XTAKニーパッド
(上下逆に着用)

テロリストに占拠されるホワイトハウス

ここでは2013年公開の2本のハリウッド映画、『ホワイトハウス・ダウン』と『エンド・オブ・ホワイトハウス』をご紹介。この二作品は監督も製作会社も異なるが、「アメリカ大統領官邸（ホワイトハウス）が武装勢力に襲撃され、アメリカ全土が危機に陥る」というシナリオの大筋は同じ。こうしたことはハリウッドでは"稀によくある"ことで、ハリウッド独特の複数の脚本家による製作システムによる弊害らしい。

そんな大人の事情は笑顔でスルーして、さっそく内容の紹介にいってみよう。まずは『ホワイトハウス・ダウン』から。本作の製作・監督は『インディペンデンス・デイ』（1996年）や『パトリオット』（2000年）などアメリカ万歳テイスト（？）強めの娯楽アクション映画で知られるローランド・エメリッヒだ。ドイツ人だけど。

議会警察官として下院議長の警護を務めるジョン・ケイルは、休暇を利用して愛娘エミリーと共にホワイトハウスの見学ツアーに参加していた。ところがその日、テロリストグループが電気工事技師や清掃業者を装ってホワイトハウス内に潜入し、武装占拠してしまう。混乱のなかエミリーとはぐれてしまったジョンは、エミリーとジェームズ・ソイヤー米大統領を救うべく単身でテロリストグループに立ち向かう。

本作はホワイトハウスを舞台にした派手な銃撃戦、意外な人物のまさかの裏切り、ラストで明かされる真の黒幕など、クライムサスペンス要素も盛り込んだアクション映画に仕上がっている。以下で、主人公やテロリストたちのスタイリングを解説しよう。

●ジョン・ケイル

まずはチャニング・テイタム演ずる主人公ジョン・ケイルから…とは言ったものの、正直なところあまり語るべきところがない。なにしろジョンは非番の議会警察官で、背広の上下という私服姿。唯一の武装であったグロック19自動拳銃も、ホワイトハウスへの入館時にセキュリティに預けてしまっているからだ。

だが殉職したシークレットサービスのSIGザウアー社製P250コンパクト自動拳銃を使いテロリストを倒していくと、ブルガー＆トーメ社製APC9短機関銃、H&K社製MP5A3短機関銃、SIG社製SG552アサルトライフル…と得物は徐々にパワーアップ。さながら武器のわらしべ長者だ。

ジョンのわらしべ長者ぶりはこの後もエスカレートし、最終的にはシークレットサービスの警護車両に搭載された「アレ」になる。なかなか痛快なシーンなので、ぜひ本編をご覧いただきたい。

●エミール・ステンツ

次はテロ実行グループのリーダーであるエミール・ステンツ。ステンツは元デルタフォース隊員で、かつて軍の命令でパキスタンでの秘密作戦に従事していたが、ソイヤー大統領による対中東政策の変更により部隊ごと見捨てられ、タリバン政権下で2年間投獄されていたという過去を持つ。

スタイリングは黒の半袖Tシャツの上に黒いナイロン生地（？）製の映画オリジナルのベストを着用しているのみで、他のテロリストたちに比べ非常にシンプル。劇中、ステンツは複数の銃火器を使用するが、印象的なのはブルガー＆トーメ社製APC9短機関銃だろう。アッパーレシーバーがタンカラーのツートンカラーモデルとなっている。ステンツの他、キ

アメリカ合衆国 議会警察官 ジョン・ケイル

　イラストは『ホワイトハウス・ダウン』の主人公ジョン・ケイルのスタイリング。背広の上着とワイシャツを脱ぎ、アンダーシャツの白いタンクトップの上にテロリストのヴァディムから奪ったベストや腰周りの装備を着用。このベストはSAAV（South African Assault Vest）と呼ばれるタクティカルギアメーカー製のものを映画用に改造したもの。SAAVはドイツ連邦軍やイギリス陸軍などで私物として使用されている例が確認されている。

　SAAVはその名が示す通り、もともと南アフリカ国防軍用の制式個人携行装備の一つだったP83ベストのデザインをそのままコピーしたもの。劇中のSAAVは幾つかのポケットやストラップを切除／増設し、

ベストの下端にドイツ連邦軍の現用個人携行装備であるシステム95の装備ベルトを縫い付けている。右前の弾倉用ポケットにアメリカ陸軍の第52武器群（52nd Ordnance Group）のパッチ、ウエスト中央の増設したナイロンベルト部に「Bomb Squad」の文字が入ったタグが縫い付けられていることから、劇中ではEOD（Explosive Ordnance Disposal：爆発物処理班）ベストの一種という設定かと思われる。

　ベルトは黒革製の警察用デューティーベルトで、右腰にブラックホークインダストリーズ（BHI）社製SERPAレッグホルスターを吊るし、右太腿正面のストラップにタクティカルライトを収納したナイロン製パウチを装着している。また、左太腿にはSIG SG552アサルトライフルの弾倉を4本収納できるレッグマガジンパウチを装着している。

　SG552は特殊部隊向けのアサルトライフルで、スイス軍制式小銃としての実績もあるSG550のコマンドカービンモデル。命中精度と信頼性の高さから世界中の特殊部隊や法執行機関での採用例がある。弾倉は茶色い半透明の樹脂製で、装填した5.56×45mm NATO弾の残弾が一目で判別できるようになっている。

SAAVタイプのアサルトベストの一つ　写真／Military 1st

サプレッサーとホロサイトを装備したSG552コマンドー　写真／SWISS ARMS

SAAV改造のタクティカルベルト（映画オリジナル）

「第52武器群」部隊章

ドイツ連邦軍システム95装備用ベルト

黒革製デューティーベルト

BHI社製SERPAレッグホルスター

タクティカルライト収納パウチ

SIG社製 SG552アサルトライフル

レッグマガジンパウチ（2本用×二連で計4本収納）

リック、リッターといったテロリスト側の主要キャラはこの銃で武装しており、うち、リッターのものは主人公ジョンが強奪して使用することになる。

　他のテロリストたちの装備は、既存のタクティカルギアを大きく改造したり、複数のギアを組み合わせたりしており、原型を留めているものは少ない。テロリストの一人、ヴァディムのベストはSAAVと呼ばれるアサルトベストを基にドイツ連邦軍のシステム95装備ベルトなどを組み合わせて製作した映画オリジナルのもので、これをジョンが奪って着用する。

　ちなみに本作は、エメリッヒ監督自身が『ダイ・ハード』（1988年）や『エアフォース・ワン』（1997年）といった過去の作品からインスパイアを受けていると語っているとおり、アクション映画の傑作『ダイ・ハード』との共通点がとても多い。

　主人公のファーストネームは同じ"John"で（俳優ブルース・ウィリスが演じる『ダイ・ハード』の主人公の名前はジョン・マクレーン）、運悪く非番の日に事件に遭遇する警察官、白いタン

テロ実行グループのリーダー　エミール・ステンツ

　イラストは『ホワイトハウス・ダウン』のテロ実行グループのリーダー、エミール・ステンツのスタイリング。黒いベストを着用しているが、ミリタリーギアにこれに類似したものは見当たらず詳細は不明。右胸には「A.R.O. OUTLOWS」の文字入りのエンブレムが縫い付けてあるがこれも詳細不明だ。本作に登場するテロリスト側の主要キャラは、こういった"元ネタ"がありそうな"装備を身につけているケースが多い。
　手にしているのは、スイスのブルガー＆トーメ（B&T）社が開発した法執行機関向けサブマシンガンであるAPC9(※)。劇中のものはアルミ製のアッパーレシーバーがタンカラーに塗装されたモデルで、レシーバー上部にEOTech社製XPS2ホログラフィックサイト、ロアレシーバー前方下部にバーチカル（垂直）フォアグリップを取り付けている。この銃はエミール・ステンツの他、主人公ジョンもサプレッサー、ウェポンライト付きのモデルをテロリストの一人から奪って使用している。
　※APCは"Advanced Police Carbine"の略で「先進警察用カービン」の意。

EOTech社製
XP2ホログラフィックサイト

ブルガー＆トーメ社製
APC9サブマシンガン

バーチカルフォアグリップ

クトップ姿で敵から奪った銃で戦う。また、同じ建物内で拘束されている家族の救出が目的、隠れ潜んだエレベーターシャフトでの戦い、敵から奪った無線機で敵を翻弄、乏しい残弾数をカウントしながらの戦闘など、プロットの面でも共通点が多い。そういった点を頭に入れながら観るのも、本作の楽しみ方の一つだ。

テロリストの人質にされる米大統領

　次に紹介するのは『エンド・オブ・ホワイトハウス』。こちらもホワイトハウスが舞台で、アメリカ大統領がテロリストに狙われ、主人公がテロリストに立ち向かうという大筋は同じだ。ただし『ホワイトハウス・ダウン』では中東危機を背景としたストーリーが伏線となっているのに対し、『エンド・オブ・ホワイトハウス』は北朝鮮による極東危機を盛り込んだストーリーとなっている。

　訪米した韓国首相と米大統領の会談が行われているホワイトハウスの上空に、突如所属不明のAC-130ガンシップが飛来、また観光客を装った自爆テロによりホワイトハウスの警備が突破される。大統領をはじめ米政府の高官と韓国首相はホワイトハウス内の地下にある危機管理センターへ退避するが、警護チーム内に潜んでいた内通者の手引きによりテロリストの人質となってしまう。

　不慮の事故でシークレットサービス特別捜査官の任を辞し、現在は財務省で働くマイク・バニングは大統領の危機を悟り、単身ホワイトハウスに乗り込む。

　俳優ジェラルド・バトラーが演じる本作の主人公マイクも、『エンド・オブ・ホワイトハウス』のジョンと同様に私服のまま戦闘に巻き込まれ、劇中でテロリストから奪った装備を身につけて戦うことになる。以下でそのスタイリングを簡単に解説しよう。

●マイク・バニング

　私服は濃紺のワイシャツに同色のスラックスで、その上に「HRMベスト」というボディアーマー兼タクティカルベストを着用している。このベストは、全周に備わったパイルアンドフック（いわゆるベルクロ）シートと金属製スナップボタンを介して予備弾倉用や無線機用など各種のパウチ類を任意の場所

に装着できる。

　火器は当初SIGザウアー社製P226E2自動拳銃を携帯していたが、弾切れ後はテロリストの一人から奪ったグロック17を使用する。ちなみに両者の使用弾薬は同じ9mmパラベラム弾なので、グロックの予備弾を使い慣れたP226に移せばいいのに…それともP226の予備弾倉が無かったのかな？　などと考えてしまった。その他、劇中ではTA31 ACOGサイトとSurefire社製ウェポンライトをハンドガードに備えたH&K MP5A3短機関銃なども使用している。

　奇しくもほぼ同時期に公開されたこの二作品を、軍装をテーマとする本書の視点で比較すると……軍配は『ホワイトハウス・ダウン』に上げたい。一例を挙げると、この作品に登場するホワイトハウス警備の詰襟ユニフォーム姿の海兵隊員たち、彼らは右胸には正しく大統領任務バッジを着用しているが、これを再現している映画は珍しいのではないかな？　国防総省に勤務する軍人らの制服も正確だ。

　一方の『エンド・オブ・ホワイトハウス』は、陸軍参謀総長が下士官／兵のみが着用する徽章をつけているなど少し？　な部分が目立つ。『ティアーズ・オブ・ザ・サン』（2003年）や『シューター／極大射程』（2006年）などミリタリーファンの評価も高いアントワーン・フークア監督の作品だけにちょっと残念だ。

　…とまあ細かい部分はさておき、どちらも「アメリカ人こういうの好きだよね！」的なお約束展開に溢れた痛快なアクション映画であることは間違いない。要塞化されているだけに、一度内部を占拠されると奪還困難となるホワイトハウスでの戦闘、大統領の椅子をめぐる政治劇など、見比べてみるのも面白い二作品だ。

元シークレットサービス特別捜査官
マイク・バニング

イラストは『エンド・オブ・ホワイトハウス』の主人公マイク・バニングのスタイリング。濃紺色のワイシャツとスラックスの上にテロリストから奪ったベストとベルト装備類を身につけている。

ベストは俗に「HRMベスト」「LAPD SWATベスト」(※)と呼ばれるやや旧式のもので、任務に応じて様々なデザインの専用パウチ類をアレンジして装着できる。マイクのものは、アサルトライフル用四連弾倉パウチの上にハンドガン用四連弾倉パウチを重ねたコンビネーションパウチを右サイドに装着し、その上に横長のショットシェル(散弾)パウチと小型の汎用パウチを、左サイドに発煙手榴弾などを収納できる汎用パウチを二つ装着している。

腰に巻いた幅広のベルトは警察など法執行機関で使用されることの多いナイロン製デューティーベルト。右腰にはベルトと連結したサファリランド社製の6004レッグホルスターを吊り、右太腿に2本のエラスティックストラップで固定している。

手にしたハンドガンはグロック17。1980年代初頭に開発されたオーストリア グロック社製の自動拳銃で、俗に一つの弾倉に9mmパラベラム弾を17発装填できることからこの名が付いたとも言われるが、異説もある。グロック社が開発した「セーフアクション」と呼ばれる独特なメカニズムを搭載しており、射手自身が意識して操作するセフティレバーやボタンといった安全機構が無くとも安全に携行できるよう工夫されている。

劇中でマイクが使用しているグロック17は第三世代(3rd. Gen.)モデルで、初代(第一世代)モデルとの差異はフレーム前方下部のアンダーマウントレイルやグリップ前方のフィンガーチャンネルの追加などが挙げられる。現在は第五世代モデルが市場に流通しており、未だ世界中でベストセラーとなっているハンドガンである。

※HRMは "High Risk Modular-Vest" の略。LAPD SWATは、ロサンゼルス市警察で重大犯罪に対処する特殊部隊。

グロック17
(3rd. Gen.)

HRMベスト

ショットシェルパウチ

コンビネーション
マガジンパウチ
(アサルトライフル用×4、
ハンドガン用×4)

汎用パウチ

ベルトキーパー

ナイロン製
デューティーベルト

サファリランド社製
6004レッグホルスター

ロンドンでテロリストと対決！

ここでは、前項で紹介した『エンド・オブ・ホワイトハウス』の続編に当たる二作品、『エンド・オブ・キングダム』と『エンド・オブ・ステイツ』を紹介しよう（以下それぞれ「キングダム」「ステイツ」と略す）。シリーズを通して、主人公のシークレットサービス特別捜査官マイク・バニングを俳優のジェラルド・バトラーが熱演しているぞ。

さっそく両作のあらすじとミリタリー視点での見どころ、主人公のスタイリングを紹介していこう。まずは「キングダム」から。

イギリスのウィルソン首相が急逝し、アメリカのアッシャー大統領をはじめとする西側各国の首脳はセント・ポール大聖堂で行われる葬儀に参列するためロンドンを訪れる。ロンドン警視庁の主導で厳重な警備体制が敷かれるなか、各国首脳を狙った同時多発テロが発生。警備スタッフの中にテロ組織の一味が潜入していたこともあり、アッシャー大統領、新任のイギリス首相をのぞく全員が殺害されてしまう。

シークレットサービスで大統領警護を担当するマイク・バニング特別捜査官は、アッシャー大統領を守り、安全な場所へ避難させるべく、通信が遮断され大混乱に陥ったロンドン市内を奔走する——

主人公のマイクはテロリストとの最初の銃撃戦の末、大統領と共にマリーンワン（※1）でのロンドン脱出を図るのだが、なんとテロリスト側の放ったスティンガー携帯式対空ミサイルで撃墜されてしまう。

このシーンでは、マリーンワンが装備するフレアー（熱源式の囮）をすべて使い切ってまで逃げようとするものの、しつこすぎるテロリストたちに力負けしたかたちだ。以後は徒歩と車での脱出劇となる。

なお、この種の作品にありがちな設定として、民間用、軍事用の通信インフラがテロリスト一味のハッキングで乗っ取られており、米本国とは連絡がとれない。故に、ワシントンD.C.にいる副大統領や統合参謀本部議長は、ロンドンの状況を把握するため軍用ドローンを飛ばすことになる。

●マイク・バニング（キングダム編）

マイクと大統領は敵地と化したロンドン市中を逃げ回るので、装備品は原則として現地調達。初期装備のハンドガンSIGザウアーP229Rだけでは心許ないので、劇中前半は追っ手のテロリストから分捕ったAK-47のコピー品（中国製の56式自動歩槍）などを使用する。

劇中半ばからは、数少ない現地の味方であるMI6（※2）諜報員の隠れ家から拝借したタクティカル・ギアをスーツの上から着用し、逃避行と戦闘を続ける。

詳しくはイラストの解説をご覧いただきたいが、基本的には耐弾用セラミック・プレートを収納したプレートキャリアベストに、PALSテープを介して弾倉パウチや無線機用パウチなどを取り付けている。腰のデューティーベルトはなぜか2本で、下側のベルトのエクステンダー（延長ストラップ）にホルスターやハンドガン用弾倉パウチを装着している。

メインの銃はやはり敵から分捕ったHK416アサルトライフルで、終盤におっとり刀で救援に現れたイギリス陸軍SAS（特殊空挺部隊）と合流してからの戦闘でも使用している。

「キングダム」では、テロリスト側の装備も（テロリストにしては）なかなか豪華で、当たり前のように

Colum

シークレットサービスのトリビア

シークレットサービスはアメリカ国土安全保障省の管轄下にある政府機関で、主な任務は正・副大統領とその家族、訪米中の各国元首と配偶者の警護、偽造通貨の取り締まり、不正経理犯罪の捜査など。

シークレットサービス特別捜査官になるための試験の受験要件は、アメリカの市民権を持つこと、年齢は21歳以上37歳以下、身体にタトゥーを入れておらず犯罪歴がないことなど。

試験に合格後は、ジョージア州にある連邦執行訓練センターで12週間の初期訓練を受け、さらにワシントンD.C.にあるシークレットサービス・アカデミーで16週間のより実践的な訓練を受ける。訓練では射撃、格闘術、逮捕術、水中生存技術、車両の運転、救急救命、その他捜査に必要な知識と技術を習得し、米国全土にある事務所のいずれかに配属される。

※1　アメリカ海兵隊が運航する大統領専用ヘリのコールサイン。劇中に登場する機種はVH-60Nプレジデント・ホーク。
※2　イギリス政府の諜報機関。MI6は通称で、制式名称は "Secret Intelligence Service"（秘密情報部）。

WAS社製DCSベースキャリア

無線機用パウチ

ビアンキ社製
1.75インチ
ガンベルト

ビアンキ社製
M1425ヒップ
エクステンダー

SIGザウアー社製
P229R自動拳銃

ビアンキ社製
M12ユニバーサルミリタリーホルスター

シークレットサービス特別捜査官 マイク・バニング ①

　イラストは主人公マイク・バニングの「キングダム」劇中後半におけるスタイリング。濃紺のスーツの上から現地で調達したベストやタクティカルギアを着装している。

　スーツはビジネススーツとして最も一般的なシングル合わせ二つボタンスタイルだが、左下襟（ラペル）のフラワーホールに「合衆国シークレットサービス」ピンバッジを取り付けているのが特徴。このバッジは英国の徽章メーカーが本作用のオリジナル小道具として制作したもので、次作「ステイツ」にも登場している。

　ベストや腰回りのタクティカルギアは、劇の中盤、MI6のセーフハウスからの脱出時に使用した車両（BMW）に偶然積載されていたもの。英国のタクティカルギアメーカーの一つであるウォリアーアサルトシステムズ（WAS）社製プレートキャリアベストと、米国ビアンキ社製のデューティーベルトやホルスター、パウチ類を中心としたギア類でセットアップされている。

　ベストは上述のWAS社製「DCSベースキャリア」。正面／背面と両脇下に計4枚のセラミック製耐弾プレートを収納している。左右のショルダーストラップはパッドで覆われているが、左肩のパッドをめくると内側に樹脂製クイックリリースバックルが備わっており、緊急時はこれを利用して素早く脱ぐことが可能。

　ベストの全周にわたって幅1インチ（25mm）のPALSテープが縫い付けられており、着用者の任意の位置にパウチ類を増設できる。劇中、マイクが着用するベストには左脇下に三連のM4系アサルトライフル用オープントップ弾倉パウチ、右脇下に無線機用パウチと縦長のユーティリティー（汎用）パウチを追加装備している。ユーティリティーパウチには単眼式のヘッドマウント暗視装置が収納してあり、劇中後半の敵本拠地への侵入時に使用している。

　デューティーベルトは2本、ベストの下端に隠れるぐらいの高い位置と腰骨の位置に上下に見えるように着用している。上のベルトはPALSテープ付きのパッドベルトだが、劇中の映像からはベルトに何らかのパウチを装着しているようには見

H&K社製
HK416D10RS自動小銃

Angel Has Fallen

Lapel pin made by ROMAN TAVAST

イギリスの徽章メーカー"ROMAN TAVAST"社が本シリーズ用に製造したシークレットサービスのピンバッジ写真／ROMAN TAVAST

❶ユーティリティ（汎用）パウチ
※暗視装置を収納
❷パッド付きベルト
❸オープンタイプドットサイト
❹トリジコン社製ACOGスコープ
❺Surefire社製
　M900Vバーチカルグリップ
　付きウェポンライト

えない。
　下のベルトは警察・法執行機関向け装備のメーカーとしてメジャーなビアンキ社製の1.75インチ（44.5mm）ガンベルト。ここに同社製のホルスターやパウチ類をセットアップしている。注目したいのはパウチ類のベルトへの連結方法。M1425ヒップエクステンダーは、同社製のアイテムを腰の低い位置〜太腿横に追加装着するための延長ストラップの一種で、これを使用することでベルト装着式のホルスターやパウチ類をレッグホルスターやレッグパウチのように着装している。
　右太腿部に装着したホルスターはM12ユニバーサルミリタリーホルスター。1980年代、米軍がベレッタM92自動拳銃をM9として制式採用した際に合わせて採用した息の長いアイテムだ。フラップや背面アダプターの取り付け位置を入れ替えることで、右利き射手／左利き射手双方に対応可能。
　ホルスターに収納しているのはSIGザウアーP229Rの9mmパラベラム弾仕様。P229Rは米国シークレットサービスも制式採用している自動拳銃だが、現実のシークレットサービスはより強力な.357SIG弾仕様のものを採用している。
　左太腿部の大小のパウチは、上：M1025マガジンパウチ、下：M1030マガジンパウチ。M1025はM12ホルスターと対となるハンドガン用弾倉パウチ（9mm口径弾クラスの弾倉2本収納）で、M1030は弾倉4本を収納できるが、劇中では中の仕切りを外しM4系アサルトライフル用の弾倉2本を収納するパウチとして使用している。
　下のベルトの背面には中型のパウチを二つ装着しているが、詳細は不明。元々MI6メンバーの装備であることから、メディカルキットや止血帯、ハンドカフ（手錠）などを収納しているのではないだろうか。

●HK416アサルトライフル
　手にした自動小銃はヘッケラー＆コッホ（H&K）社製HK416D10RSで、10.4インチ（264mm）銃身を備えたコンパクトモデル。レシーバーに載せた光学照準器は4倍率のトリジコン社製ACOGスコープM150。さらにその上に近接照準用のオープンサイトのダットサイトを搭載している。フォアグリップ前方下面にはバーチカル（垂直）フォアグリップとウェポンライトが一体型となったSurefire社製M900Vを20mmレイルを介して固定している。

M4A1やH&K G36Cといった市街戦向きのカービンを携行しているが、これは黒幕が武器商人だから。

じつは元レンジャーかも？

「エンド・オブ」シリーズの三作目となる「ステイツ」は、前二作とは一味ちがったサスペンス・アクションに仕上がっている。

トランブル大統領（※3）の休暇に同行し、護衛の指揮を執っていたマイクは、長年の任務で負ったダメージが蓄積していたことから、現場からの引退を考えていた。その矢先、何者かが放ったドローンの襲撃に遭い、18名もの部下を失ってしまう。

マイクは何とか大統領だけは守ったものの、爆発の衝撃で意識を喪失。その後、病院で目覚めた彼は、自身が大統領暗殺未遂、部下の殺害という二つの事件の容疑者にされているという驚愕の事実を知る――

何らかの陰謀に巻き込まれたのは確実で、マイクは黒幕を見つけ出し、自身の潔白を証明するための逃避行を余儀なくされるのだが、その前後の過程で彼のバックグラウンドが少しずつ明らかになる。

注目したいのは、マイクの旧友で現在は民間軍事会社「サリエント」を経営するウェイド・ジェニングスとの会話から、マイクがかつてアメリカ陸軍の「第3大隊」にいたことがあり、その勤務地がジョージア州だったことが分かること。

また、ジェニングスには「元レンジャー部隊の指揮官」という設定があることが明らかになっているので、上記の内容と照らし合わせると、二人がかつて所属していた部隊は、ジョージア州フォートベニングの第75レンジャー連隊第3大隊である（※4）と推測できる。

あくまでも推測だが、マイクが精鋭部隊のレンジャー出身だったとすると、軍用銃や軍用装備の扱いに異常なまでに長けており、戦場さながらの激しい銃撃戦にも難なく対応できている理由が分かる気がする。

また、逃避行の途上で再会するマイクの父も、ベトナム戦争の帰還兵でかつて特殊部隊に所属していたことが劇中で判明するので、ルーツは軍にあるのかもしれない。

●マイク・バニング（ステイツ編）

劇の終盤で、マイクは昏睡状態から回復したトランブル大統領を守るべく再び奮闘。このときも「キングダム」同様、敵から分捕った装備で身を固めている。

詳しくはイラストの解説に譲るが、上半身は黒の長袖シャツの上にボディアーマー（ベスト）を着用し、PALSテープを介して弾倉パウチ、無線機用パウチ、鞘つきのタクティカルナイフを装着している。トラウザーズは標準的なタクティカルパンツ。

銃は頻繁に持ち替えているが、ラストはM4A1カービンとグロック17自動拳銃という組み合わせだ。

この両作品の劇中でも描かれているが、シークレットサービスの仕事はかなり過酷だ。

マイクのような大統領護衛部門の特別捜査官の場合、勤務は原則シフト制で、1日12時間の勤務（昼勤、夜勤、深夜勤のいずれか）が2週間続いた後に1日の休みがあり、その後は2週間の訓練期間に入る。それが終わると再び同じサイクルが始まる。

もちろんこれは通常の場合で、大統領の付き添いで出張する際は、24時間以上ぶっ続けで勤務し、食事も満足にとれず、雨の中で数時間立ち続けることもあるという。そのため多くの者が4〜5年で燃え尽

※3　トランブルはシリーズ2作目の「キングダム」までは副大統領だったが、「ステイツ」で大統領に昇格した。
※4　第75レンジャー連隊は、連隊本部と3個レンジャー大隊から編成されている。1個大隊の兵員定数は660名。

き、勤続10年になる捜査官の場合、初期訓練で同期だった者のうち3分の1以上が退職していることも珍しくない。

　ただし退職した後、現役の頃よりはるかに高額な報酬で民間企業に採用されるというケースも多く、民間企業にとっては色々な意味で希少な人材であることがうかがえる。

「キングダム」のラストで、マイクが書きかけの退職願いのファイルを消去するシーンがあるが、現実でもあのような葛藤が日々繰り替えされているのだろう。

シークレットサービス特別捜査官 マイク・バニング ②

　本作「ステイツ」でのマイクは、服装も含め敵勢力から奪ったアイテムで身を固めている。黒色ロングスリーブのTシャツやタクティカルパンツ、ベストや銃火器類はすべて本作の敵勢力である民間軍事会社「サリエント」所属のオペレーターたちの装備だ。

　ベストはメーカー不詳（※）のボディーアーマーベスト。近年の主流である「プレートキャリア」（セラミック製耐弾プレートのみを収納する軽量なベスト）ではなく、1990年代から2000年代半ばまで主流であった、耐弾プレート（ハードアーマー）とケブラー繊維製ソフトアーマーを併用して収納できるやや旧式のタイプ。昔ながらの「防弾チョッキ」然としたデザインとなっている。

　ベストには全周にわたって備わっているPALSテープを介してパウチ類が装着されている。ベスト正面には二連のベルクロフラップ付きM4系アサルトライフル用弾倉パウチ、正面左肩部にはカイデックス製シース（鞘）に収納された大型のタクティカルナイフを装着。ナイフは右手で抜きやすいよう上下逆さまに取り付けられている。左脇下のパウチはゴムストラップで収納物を留めるタイプの無線機用パウチ。ただし劇中ではこれに小型のスモークグレネードを収納している。

※このベストの製造元に関しては、明らかな中華コピーメーカーの製品は見つけたものの、その「元デザイン」に当たる実物製品は発見できなかった。詳細を御存じの読者様がいらしたら是非ご教示を！

① 二連M4系弾倉パウチ

グロック17自動拳銃

M4A1カービン

① ボディーアーマーベスト
② カイデックス製シース
③ タクティカルナイフ
④ 無線機用パウチ
　※スモークグレネードを収納

ナイツアーマメント社製M203A1グレネードランチャー

保安官って何だ？

『ザ・アウトロー』は2018年公開のクライム・サスペンス映画で、本書の別項で紹介した『ハンターキラー 潜航せよ』や『エンド・オブ〜』シリーズの英国人俳優ジェラルド・バトラーが主演を務めている。『ハンターキラー〜』では威厳ある潜水艦長を、『エンド・オブ〜』シリーズではマッチョながら知性溢れるシークレットサービス特別捜査官を演じていたバトラーだが、本作ではくせっ毛の頭髪を伸ばし、無精髭も伸ばし放題の荒くれ者を演じている。

48秒に1回強盗が発生すると言われる世界屈指の犯罪都市、ロサンゼルス。元軍人で構成された強盗団を率いるメリーメンは、ドル紙幣の発行を行い "銀行の銀行" とも称される連邦準備銀行からの現金強奪を目論む。ロサンゼルス郡保安局の保安官ニック・オブライエンとそのチームは、時には強引な手段でメリーメン一味の捜査の輪を狭めていくが——

本作で主人公ニックらが所属するのはロサンゼルス郡保安局（LASD:Los Angeles County Sheriff's Department）という組織。そして、ニックは警察官ではなく保安官（Sheriff）という役職（※1）だ。

ロサンゼルス郡保安局は、郡保安局としては全米最大規模の組織で、法執行機関としてもニューヨーク、ロサンゼルス、シカゴの各市警察に次ぐ4番目に巨大な組織だ。1850年に設立され、現在は法執行官と職員合わせて2万名弱の人員を有している。その歴史は、1869年設立のロサンゼルス市警察（LAPD）よりも古いのだ。

なお、ここでは便宜上ニックらを保安官と呼んでいるが、より厳密には保安官と呼ばれる公職は、各保安局や保安官事務所のトップ1名を指し、その指揮下に置かれる実働部隊のメンバーがそれぞれ保安官助手／保安官補佐という役職となる。ニックらも同様だ。

なお、保安官とは別に、合衆国政府によって各州に置かれる保安官は連邦保安官（Marshal）と呼ばれる。

LASDメンバーのスタイリング

まずはジェラルド・バトラー演じるニック保安官（助手）のスタイリングを中心に、本作に登場するロサンゼルス郡保安局（LASD）メンバーの装備類を解説しよう。

ニックを含めた5名のシェリフたちの共通装備となっているのが、防弾ベストであるCONDOR社製のEXOプレートキャリアGen.Ⅱ。CONDOR社製のタクティカルギアは比較的安価であるため、ハリウッド映画のプロップとして頻繁にスクリーンに登場する。

無線機のスピーカーマイクはモトローラ社製NMN6193C。ベスト背面の無線機に接続し、カールコードをベストのショルダーパッドの内側やパッドの横に備わったベルクロループに通して、スピーカーマイク本体がベストの前面肩口辺りにくるよう工夫されている。

ベストの胸元には黄色い "SHERIFF" の文字の入った大きめの識別パッチをベルクロを介して装着。これらが保安官チームの共通装備だが、他の保安官4人がベスト＆パウチ類をOD色で統一しているのに対し、ニックは黒色のものを着装。これは例によって「キャラクター識別のための手法」だろう。また、ニックはベストの "SHERIFF" パッチの横にそのものズバリ "FUCK YOU" と刺繍された円形のパッチを装着。こういった小物一つからでもキャラクターの内面が伺えそうで面白い。

保安官チーム全員の共通装備であるベストに対し、それ以外の被服やギア、携行する銃器類は比較的自由裁量となっているようだ。ニックの場合、タクティカルトラウザーズのパンツベルトとして腰に巻いた強化ナイロン製のリガーベルトの右腰部にCONDOR社製のトルネードレッグホルスターを吊り下げ、ホルスターを2本のストラップで右太腿サイドに固定している。

他のメンバーも概ねこのスタイルだが、レッグホルスターのメーカー違い、保安官の一人ボラッチョのようにレッグホルスターではなく右腰背面にパン

※1　アメリカ合衆国の郡（country）内で選挙によって選出される公職の治安維持責任者。自治体が持つ司法執行権（捜査や逮捕、警備など）を委託されている。

FN社製SCAR-L
アサルトライフル

ショルダーパッド横の
コード用ループに
無線機のコードを通している

"SHERIFF"
および
"FUCK YOU"
ベルクロパッチ

モトローラ社製
NMN6193C
スピーカーマイク
（背面の無線機と接続）

CONDOR社製
EXOプレートキャリア
Gen.II

5.56×45mm
NATO弾用弾倉
パウチ（2×2で
計4本収納）

ハンドガン用弾倉パウチ
（計2本収納）

強化ナイロン製リガーベルト

ロサンゼルス郡保安局 保安官
ニック・オブライエン

　イラストは本作の主人公、ニック・オブライエン保安官
（厳密には保安官助手）のスタイリング。上半身に身につ
けたCONDOR社製EXOプレートキャリアーGen.IIの内
部には、拳銃弾程度までに対応したケブラー繊維製のソ
フトアーマーと小銃弾も防ぐセラミック製プレートを収納
でき、防弾ベストとしての機能も兼ねている。

　前面には5.56×45mm NATO弾用の30連弾倉を片側2
本、左右で計4本収納できるダブルマガジンパウチを一
つ、サイドアームとして所持する自動拳銃用の弾倉を各
一つ、左右で2本収納できるハンドガン用ダブルマガ
ジンパウチを一つ、背面には無線機を収納したラジ
オパウチを一つ、それぞれベスト全面に備わったウ
ェビングテープを介して装着している。

　手にしている銃器はFN SCAR-L。
ベルギーの銃器メーカーFN社がアメ
リカ特殊作戦軍（USSOCOM）向けに
開発したアサルトライフルで、"SCAR"
は"Special Operations Forces
Combat Assault Rifle"（特殊作戦部
隊用戦闘突撃銃）の頭文字から命名
されている。同社が1970年代に開発
したFNC自動小銃をベースにしつつ、
作動方式の変更による命中精度の向

上、ピカティニーレイルを介
して装着する様々なオプショ
ンによる発展性などが考
慮されており、同じ弾倉を使
用する点以外、まったく別の
銃となっている。

　SCARには、5.56×45mm NATO弾仕
様のSCAR-L（LはLightの意）と7.62×
51mm NATO弾 仕 様 のSCAR-H（Hは
Heavyの意）の二種があり、両者のパー
ツを可能な限り共通化させてコスト
を下げる配慮がなされている。グリッ
プやストックの寸法、操作方法もLとH
で同一のため、転換訓練をスムーズ
に行えるというメリットも見逃せな
い。

　SCAR-L/Hには、銃身長の異
なるモデルが三つずつライン
ナップされているが、劇中で
ニックが使用するのは 銃 身 長14.5インチ
（36.8cm）のスタンダ
ードモデル。光学サイ
トなどのオプション
類は一切装
着していな
い。

FN社製FNX-45タクティカル
（C-MORE STSダットサイト付き）

CONDOR社製
トルネードレッグホルスター

タクティカル
トラウザーズ

ハンドガン用予備弾倉1本を収納

ツベルトに通したヒップホルスターを着装している例も確認できる。

　銃器はアジト突入用のブリーチャー（※2）としてレミントン社製M870SBSショットガンを装備したマーフ以外の4人は、5.56×45mm NATO弾を使用する自動小銃で統一。ニックのみFN社製SCAR-L、その他の3人はコルト社製M4A1を装備している。SCAR-LとM4A1は弾倉も共通規格であるため、チーム内での弾薬の融通もつけやすいだろう。

　サイドアームとなる自動拳銃も個人の自由裁量らしく、ベレッタ社製M92、コルト社製M1911A1などを各人が所持。ニックは劇中、標準支給品のS&W社製M&P2.0と（おそらく私物の）FN社製FNX-45タクティカルの2挺を使用。どちらにもC-MORE社製のSTSレッドサイトをマウントしている。

強盗団メンバーのスタイリング

　一方、メリーメン率いる強盗団メンバーのスタイリングもなかなか凝っている。色は黒系で統一しているが、各人が思い思いの装備、銃器で武装している。詳細はイラストの解説に譲るが、まず紹介したいのが元ドラッグディーラーというヤバい経歴の黒人俳優カーチス "50セント" ジャクソン演じるエンソン・ルヴォーの銃「RONI」だ。

　RONIはイスラエルの銃器オプション／タクティカルギアメーカー、CAAタクティカルが製作したハンドガンをカービン銃スタイルにするコンバージョンキット。ベースとなるハンドガンを強化樹脂性フレームで左右から挟み込むだけの簡単な構造で、トリガー周りやグリップ、弾倉などはハンドガンのそれをそのまま活用できる。

　伸縮式ストックやフォアグリップによる射撃時の安定性向上、またピカティニーレイルを介しての光学機器等の搭載などメリットは数多い。ただし銃身長はベースとなるハンドガンそのものを加工しない限り同一なので、銃弾の威力は変わらない。スライドの操作はスライド後端にコッキングハンドルをネジ留めし、RONI本体のサイドスリットから突き出したハンドルを前後させて行う。

　なお、このRONIを製造販売しているCAAタクティカルには「CAAエアソフトディビジョン」というトイガン向けカスタムパーツ部門があり、日本や台湾製のエアーソフトガンに適合した廉価版

RONIを販売している。

　さらに中東や南米の発展途上国では、「安価なトイガン用RONIに実銃のハンドガンを組み込んでカービン化する」といういわば逆転現象も起きているとか。強度的に大丈夫なんだろうか？

　メリーメン率いる強盗団は、主要メンバーが「元海兵隊の特殊作戦コマンド所属」という経歴を持つ。冒頭の現金輸送車の襲撃シーンでは全員、全身黒ずくめのスタイリングに軍用のガスマスクを着装。これはガス攻撃を想定したものではなく、単純に顔バレを防ぐためのマスク代わりだろう。その証拠に、全員マスクに吸気缶を取り付けていない。

　ストーリー中盤の銀行襲撃シーンでは、全員黒地に白でスカルフェイス（骸骨の面）が描かれたバラクラバ（目出し帽）を着用。白昼堂々の襲撃であるため各人の装備が判別しやすい。なお、ここでもメリーメンのバラクラバのみスカルフェイスのデザインが異なり、強盗団全員が似たような黒づくめのスタイリングでも、観客に一目で「強盗団のリーダー」と分かるよう配慮されている。

　なお、前述のエンソンは強盗団の他メンバーのスタイリングと少し異なり、濃紺色の警察／民間系ソフトアーマーベストを着用。銀行襲撃時はラジオペンチなど工具類を多数収納したハーネスをベストの上に重ねて身につけていることから、以前に所属していた海兵隊特殊作戦コマンドではEOD（爆発物処理）担当であった可能性が高い。

　銀行襲撃時のメリーメンが、黒の長袖のコンプレッションシャツの上に着用している黒色の防弾ベストはインターセプターボディーアーマー（IBA）。IBAは1990年代後半に開発された個人防護ベストシステムで、2000年代半ばまでのアメリカ軍の標準的な装備だったが、現在はより新型の防弾ベストが登場しており、一線からは退いている。

　なお、アメリカ軍の制式支給品であるIBAはタンカラー単色またはウッドランド迷彩、3カラーデザート迷彩、UCP迷彩（※3）の4パターンであり、メリーメン着用の黒いIBAは民間向けのコピーモデルと思われる。

　トラウザーズはCryeプレシジョン社製G3タクティカルトラウザーズ。取り外し可能なニーパッドが膝のポケットに収納されており、膝の一部や腰の背面など動きが激しい部位には伸縮性のある素材

を使用するなど、非常に凝った作りをしているのが特徴だ。

　黒ずんだ迷彩パターンは最新の「マルチカム・ブラック」迷彩。ウエストにはROTHCO社製のタクティカルベルトを巻き、右腰部にはHK45C自動拳銃を収納したブラックホークインダストリーズ（BHI）社製SERPAホルスター、左腰部にはMAGPUL社製P-MAGを4本収納したCONDOR社製ドロップレッグマガジンパウチを連結。太腿の左右に伸縮式ストラップを用いて固定している。

銃撃戦も見所のクライム・サスペンス

　強盗団のリーダーと、それを追うはみ出し刑事。刑事の家庭が不和で荒れている点や、独特の美学を持った冷静な悪役のキャラクター、最終決戦前に刑事と強盗団が直接顔を合わせてお互いが仕掛ける心理戦など、アル・パチーノ／ロバート・デ・ニーロ主演の『HEAT』（1995年）を髣髴（ほうふつ）とさせる本作。

　劇の終盤、ハイウェイ上で繰り広げられるド派手な銃撃戦、原題である"Den of Thieves"（盗賊たちの巣穴）が意味することと、観客を裏切る意外な結末。クライム・サスペンス好きにはたまらない映画に仕上がっている。

❶CAAタクティカル社製
RONI-SI1 コンバージョンキット
❷折りたたみ式フォアグリップ
❸Pinty社製
　レッド／グリーンダットサイト

SIGザウアー社製
P226自動拳銃
（フルオート改造済み）

P226用延長弾倉
（9mmパラベラム弾
20発を装填）

❶

❷

❸

こちらはグロック17/19自動拳銃用のCAAタクティカル社製RONIコンバージョンキット
写真／line.17qq

RONIコンバージョンキットを使用した試射の様子
写真／firearmsnews

伸縮式ストック

予備弾倉の収納部

強盗団メンバー
エンソン・ルヴォー

　イラストは強盗団のメンバー、エンソン・ルヴォーのスタイリング。本文で触れた彼の所持するコンバージョンキットは「RONI-SI1」と呼ばれるバージョンで、SIGザウアー社製P226自動拳銃用に設計されている。

　アメリカ合衆国では現在、民間におけるフルオート射撃が可能な銃器はATF（アルコール・タバコ・火器及び爆発物取締局）によって厳重に管理・登録されており、セミオートのみの銃器をフルオート射撃ができるように改造することも違法なのだが、エンソンのP226はおそらく内部のシアー（※）を違法改造しており、フルオート射撃が可能。これに9mmパラベラム弾20発を装填可能なP226用延長弾倉と無倍率ダットサイトを組み合わせることで、簡易的な短機関銃として使用している。

※トリガーとハンマーをつなぐ突っ支い棒の役割を果たす部品。

バラクラバ（目出し帽）

ケミカルライト

Oakley社製
トランジション
タクティカルグローブ

インターセプター
ボディーアーマー（IBA）

ツールナイフパウチ（カフ切断用）

MAGPUL社製P-MAG Gen.Ⅲ

ITW社製FASTマグパウチ

XPS32
ホロサイト

ミルスペックプラスチック社製
「コブラカフ」
（樹脂製使い捨て手錠）

DBAL
（AN/PEQ-15A）
夜間照準器

横向きツールパウチ（ベルトに付属）

ベルトキーパー

ROTHCO社製タクティカルベルト

H&K社製HK416
アサルトライフル

Cryeプレシジョン社製
G3タクティカル
トラウザーズ
（マルチカモ・ブラック）

BHI社製
SERPAホルスター
（HK45Cハンドガ
ンを収納）

CONDOR社製
ドロップレッグマガジンパウチ
（P-MAGを2×2の計4本収納）

強盗団リーダー
メリーメン

　イラストは強盗団のリーダー、メリーメン の銀行襲撃時のスタイリング。黒色のインターセプターボディーアーマー（IBA：Interceptor Body Armor）の胴体正面からサイドにかけてITW社製の樹脂製弾倉パウチである「FASTマグ」を六つ装着。このFASTマグにはMAGPUL社製でM4カービン系のSTANAGマガジンと互換性を持つ樹脂製のP-MAG Gen.Ⅲをそれぞれ1本ずつ、計6本収納している。

　ボディーアーマーの背面には、ミルスペックプラスチック社製の使い捨て樹脂製手錠「コブラカフ」を7本装着。そのカフを切断するために使うツールナイフのパウチも取り付けている。これら背面に装着した装具類は、着用者本人が使用するのではなく、その後ろに続くメンバーが使用することを前提としており、劇中でもその様子が描かれている。

　手にした銃はHK416。2000年代前半、アメリカ陸軍の要請によりM4カービンをベースにドイツH&K社が開発したアサルトライフルだ。互換性のあるロアシーバーやトリガーアッセンブリー、分解手順、操作方式などM4と共通する部分は多いが、発射方式を作動の確実性の高いショートストロークガスピストン方式へ変更するなど、H&K社による独自発展モデルとも呼べるものに仕上がっている。

　結局、アメリカ陸軍のM4カービン全てを更新するには至らなかったが、陸軍デルタフォースや海軍SEALsなどの特殊部隊に採用され、また、海兵隊も遠距離射撃／連続射撃に対応したヘビーバレルモデルをM27IARの名称で採用した。

ジョン・ウィックの"仕事着"

ここでは、2014年公開の『ジョン・ウィック』、2017年公開の『ジョン・ウィック:チャプター2』、そして2019年公開の『ジョン・ウィック:パラベラム』の三作品を紹介しよう（以下、シリーズの各作品をJW、JW2、JW3と略記）。ネタバレ上等の記事なので、まだ観ていない読者はご注意を！

拳銃を手に、ダークスーツとネクタイ、白または黒、グレーのシャツ。ジョン・ウィックのイメージを決定づけた衣装をデザインしたのは、イタリア人衣装デザイナーのルカ・モスカ。ジョンのスタイリングは観客に精錬された優雅さ、そして禁欲的で無慈悲な印象すら与える。

ルカ曰く、「ジョンのスタイリングを端的に示すなら、娯楽の欠如、装飾の欠如、模様や色の欠如」「ほぼ全編を通して身につける、ユニフォームのようなものが必要だった」そうだ。主演のキアヌ・リーブスも衣装について、「あの衣装が『葬儀』や『聖職者』としての意味合いを与えてくれた」と語っている。

JW2でのジョンと、ローマに店を構える裏社会の仕立て屋アンジェロとのやりとりから、ジョンの"仕事着"の仕様を見ていこう。ジョンのリクエストは、礼装用ではなく社交用、日中用と夜用の2着、仕立てスタイルはイタリアン、前ボタンは二つ、トラウザーズ（スーツ用パンツ）は細身で、裏地は実戦用（原語では "Tactical"）。

このオーダーに応えるべく、アンジェロは表地と裏地との間にセラミックス基複合材と炭化ケイ素を重ね合わせたラミネート防弾素材を仕込むことを提案。「弾丸は1発も通さないが、ものすごく痛い」とのこと。実際、劇中ではスーツの身頃を盾のようにして敵弾を防ぐシーンもある。

その他、仕立てで注目したいのは、スーツの後ろ身頃の左右にスリットが入ったサイドベンツ仕様になっている点。これのお陰で上着を着ていても右腰のホルスターや左腰の予備マガジンに楽にアクセスできる。伝統的なイタリアン・クラシコのスーツでは、ノーベント（スリットが入らない）のものが多い。ジョンが細身で身体にフィットしたイタリアン・

スタイルをオーダーしたにもかかわらず、そこをあえてサイドベンツ仕様で仕上げてくるアンジェロは、裏稼業のニーズを熟知した仕立て屋ということなのだろう。

実は仕立て屋アンジェロを演じた役者は、実際にキアヌの衣装を手がけたルカ・モスカその人。なんでも監督は"ルカをイメージした俳優"をキャスティングしたかったが見つからず、試しにルカ本人に演じてもらったら想像以上のハマり役となり、そのまま役者として登場してもらったそうだ。

似た話では『フルメタル・ジャケット』（1987年）における訓練教官ハートマン軍曹のキャスティングもそう。もともと別の役者が演じる予定だったところ、裏方の演技指導者として招聘した元海兵隊訓練教官のリー・アーメイの迫力が凄すぎて、いっそのこと本人に出演してもらうことになった、というのは有名な話。やはり"本物"こそが出せるリアリティというものを監督は重視したのだろう。

なお、JW3撮影の際に用意されたスーツは、キアヌの体型に合わせたものだけで50着。これらの中には、アクションスタント用に裏地に保護パッドやプロテクターを仕込んだものもあるとか。それらをシーンごとに使い分けて撮影しているそうだ。

シリーズを通してジョンが腕に着けているのは、スイスの高級腕時計メーカーカール・F・ブヘラの「マネロ・オートデイト」というモデル。ジョンらしい虚飾を排したシンプルなデザインの時計だ。

注目すべきはその着用法。左手首の内側にフェイス（文字盤）がくるように腕に巻いている。派手なアクションをしても時計を傷つけず、ガラスが光を反射して不用意に敵に位置を知られることも防げる。こんなところにも"プロの殺し屋"としてのキャラ付けがなされている。

拳銃格闘術「ガン・フー」とは

やはりキアヌ・リーブス主演の『マトリックス』シリーズ（1999年〜）では、「バレットタイム」と呼ばれる被写体を回り込む高速撮影映像などが話題を

『ジョン・ウィック：パラベラム』の劇中、ジョンが「クワッド・リロード」と呼ばれるテクニックを駆使する際に使用するショットシェル・キャディ
写真／SAFARILAND

呼んだが、JWシリーズではキアヌが披露するガンファイト・スタイル、通称「ガン・フー」（Gun Fu）に注目が集まった。

ガン・フーの起源は、ジョン・ウー監督の香港映画『男たちの挽歌』（1986年）で描かれたド派手なガンアクションと言われている。両手にベレッタM92Fを構えた二挺拳銃スタイルで、照準もそこそこに敵と格闘しながら至近距離でバカスカ撃ちまくる主人公マークと、香港映画＝カンフーものorコメディというイメージを払拭したダークな作品世界は、ハリウッドにも大きな影響を与えた。

この「非現実的だが、それを補って余りあるカッコよさ」を備えたガンアクションは、ジョン・ウーら香港映画人に敬意を払ってか「ガン・フー」（Gun＋Kung fuの造語）と名付けられ、多くのハリウッド作品に取り入れられた。前述の『マトリックス』もその一つだ。

JWシリーズでは、柔術のコーチであり元スタントマン、かつ射撃競技（※1）の選手でもあるチャド・スタエルスキ監督が、最新の近接射撃術であるC.A.R.システムや射撃競技のテクニック、マーシャルアーツなどを組み合わせた新たな「ガン・フー」を取り入れた。また主演のキアヌもその期待に応えるかのように、いち俳優ではなく"シューター"として銃の素早い切り替えや再装填——トランジションやクワッド・リロード（後述）といったテクニック

TTIベネリM2スーペル90
ウルティメイト3ガンパッケージ

ジョン・ウィック
『ジョン・ウィック：パラベラム』より

イラストは『ジョン・ウィック：パラベラム』の劇中後半において、「主席連合」が差し向けた執行部隊をコンチネンタルホテル内で迎え撃つ際のジョンのスタイリング。

スーツのパンツベルトの上からバックルの無い幅広のシューターズベルトを巻き、TTI/STI2011コンバットマスターを収納したホルスター、弾倉を素早く抜くためのオープントップ式マガジンホルダー、ショットガン用の弾薬8発を4発×2列で保持するショットシェル・キャディを身につけている。

手にしているのは、イタリアの老舗銃器メーカー ベネリ社のセミオートマチック・ショットガンM2のカスタムモデル。ベネリ社が特許を持つ慣性利用方式（イナーシャ・リコイル・システム）を備えることで射手への反動を低減し、ショットガンの弱点である素早い連射に対応している。一方でショットガンとして一般的なポンプアクション（手動排莢）式やガス圧利用方式と比較すると部品点数が多く、発射時の反動を射手がしっかり受け止めないと給弾不良を起こすといった問題も抱えているが、銃の取り扱いのプロフェッショナルであるジョンにとってはさほど大きなデメリットではないだろう。

劇中のM2は米国のカスタムガン・メーカーTaran Tactical Innovations（TTI）によってチューンされており、口径は12番ゲージ、装弾数は8（＋1）発。軽量なボルトキャリアや大型化されたチャージングハンドル、ボルトリリースボタン、エジェクションポート（兼ローディングゲート）の前に予備の散弾1発を保持するマッチセイバーズなどを備えた3ガンマッチ仕様だ。

※1 3ガンマッチ（3-Gun Match）という競技で、ハンドガン、アサルトライフル、ショットガンの3挺を使い、自ら移動しながら様々なシチュエーションで標的を倒していく実戦的な射撃競技のひとつ。

を習得し、披露してくれている。

最新作JW3では、キアヌ演じるジョンの銃がジャミング（弾詰まり）を起こしている。通常の映画撮影ならそこで即「カット！　今のシーン撮り直し！」となるが、現実にプロ並みに銃器の取り扱いに慣れたキアヌは素早くジャミングを解消し、そのまま演技を続けている。「一人のシューターとして身についたアクションなので、リアルなキャラクターとして信じられるし、観客も物語に入り込める」と監督は語っている。

シリーズの各作品で使われた銃器

ここからは、JWシリーズ各作品でジョンが使用した銃を、一作目から順に見ていこう。

●JW1で使われた銃

JW1におけるジョンの愛銃は、H&K P30LとそのバックアップであるグロックG26。P30Lの基本モデルであるP30は、2005年に発表されたヘッケラー＆コッホ（H&K）社のポリマーフレーム製自動拳銃で、その機構とデザインはドイツ連邦軍や連邦警察に採用実績のあるUSPやUSPコンパクトを源流に持つ。

ジョンのP30LはP30のロングスライドモデルで、銃身の先端にコンペンセイターを装着したカスタムモデル。使用弾薬は9㎜パラベラム弾で、弾倉には15発を装填している。

コンペンセイターとは銃の発砲時の反動、特に銃身の跳ね上がりを抑制して素早い連射を可能とするパーツで、同じく反動を抑制する機構であるガスポート／マズルブレーキに近い働きをするが、これらが単に銃身に穴やスリットを空けただけなのに対し、コンペンセイターの内部は穴やスリットごとに壁で仕切られている。これにより、より強力な反動抑制機能を備えているが、反面、壁で仕切られた部屋の内部にカーボンが溜まりやすく、日頃のメンテナンスが必要だ。

よってコンペンセイターは確実な作動が求められる軍用銃への採用は稀で、主に競技用のハンドガン（レースガン）のパーツとして知られている。パーツからジョンの銃器へのこだわりや几帳面な性格が伺えるようで面白い。

その他、アサルトライフルとしてはH&K社製

HK416のクローンモデルであるCoharie Arms社製のCA-415や、敵対するロシアンマフィアから奪ったKel-Tech社製KSGブルパップ式ショットガン、Desert Tech社製SRS狙撃銃なども劇中で使用。ジョンのあらゆる武器に精通したスペシャリストぶりが伺える。

●JW2で使われた銃

冒頭、JW1で使用した銃器類を邸宅の地下に封印してしまったジョンは、仕事先のローマで新たに"仕事道具"を調達することになる。コンチネンタルホテル・ローマのワインセラーに常駐するソムリエ（とはいっても武器のソムリエ）のリコメンドで入手するのはグロック社製G34とG26。しかもTaran Tactical Innovations（TTI）社がカスタマイズを手がけたG34TTIコンバットマスターとG26TTIコンバットキャリーである。

他にジョンの「ゴツくて正確なヤツが欲しい」とのオーダーを受けて、ソムリエは同じくTTI社がAR-15ライフルをベースにカスタマイズしたTR-1ウルトラライト5.56を取り出す。「デカくて大胆なのを」というオーダーには「イタリア製の傑作です」と誇らしげにベネリ社製M4スーペル90セミオートショットガンのTTIカスタムモデルを薦める。

デザートにマイクロテック社製の飛び出しナイフ「コンバット・トロードン」が登場してジョンも大満足のフルコースは終了。なお、マイクロテック社のナイフは別のモデルがJW1とJW3にも登場している。

ジョンの扱う銃器で、もう一つ忘れちゃいけないのがキンバー社製のM1911カスタムモデル 1911ウォリアー。中盤、武器を失ったジョンにキングが"貸し"として7発の.45ACP弾と共に与えたのがこの銃。この銃1挺を携えてマフィアのボス サンティーノを追うが、開幕早々取り巻きを撃ち殺す際に弾切れを起こしてしまい「もう弾切れかよ！」と一瞬ギョッとした表情を見せるジョンが面白い。ジョン、普段はP30とかグロックとかダブルカラム（複列弾倉）の多弾数モデルばっか使ってるからね…。

●JW3で使われた銃器

序盤に逃げ込んだアンティーク武器ミュージアムでは、発射不能になっているレミントンM1875、コ

ルト1851ネイビー、コルト1860ネイビーという3種のクラシック・リボルバー（コルト社製の2挺はどちらも金属薬莢が普及する以前のパーカッション式超クラシック・リボルバー！）を分解し、バレル、シリンダー、フレーム、ハンマーを組み合わせて1挺のキメラ・リボルバーを組み上げて発砲する。

これはスタエルスキ監督がファンだという『続・夕陽のガンマン』（1966年）のワンシーンのオマージュとのことで、監督の時代を問わないガンマニアっぷりが発揮されている。その他、劇の中盤まではジョンは自前の武器を持たないため、逃げ延びたカサブランカでは殺し屋たちの銃、グロックG17、G19X、G34（フレームFDEモデル）などを奪って使用していた。

ニューヨークに戻ってからは、裏社会のトップらで構成される世界的な組織「主席連合」の殺し屋たちを迎え撃つためにコンチネンタルホテルの武器庫で様々な武器を持ち出す。その際、馴染みのコンシェルジュであるシャロンから薦められた弾薬は、弾頭重量8.1g、初速434m／秒の9mmメジャー弾。通常のものより火薬が増量してある高威力な弾だ。

ジョンが受け取った9mmメジャー弾のパワーファクターは178、これに対し通常の9mmパラベラム弾は135程度。ちなみに日本のお巡りさんが装備する38口径リボルバーの38スペシャル弾は125程度。178という威力は9mm口径でありながら45口径の.45ACP弾（パワーファクター190）に近い威力を備えた強力な弾薬ということになる。ジョンが武器庫で、JW2で使用したG34TTIコンパクトマスターではなく、TTI／

STI2011コンバットマスターをチョイスしたのは、この強装弾を使用するためにより強化されたハンドガンが必要だったためだ。

アサルトライフルは、ハンドガン同様TTIによってカスタマイズされたMPXカービン。AR-15系のスタイルだが、使用弾薬は9mmパラベラム弾となっている。

さらに主席連合が送り込んだ完全防弾装備の執行部隊に手を焼いたジョンが、「もっと強力な武器を！」と持ち出すのはTTIベネリM2スーペル90ウルティメイト3ガンパッケージ。これにスチール弾芯の徹甲スラグ弾（※2）を装填して執行部隊に立ち向かう。

アトランティック
ファイヤーアームズ
PTR-9CT「ピストル」

主席連合 執行部隊隊員
『ジョン・ウィック:パラベラム』より

イラストは『ジョン・ウィック:パラベラム』で主人公ジョン・ウィックの抹殺を図る「主席連合」執行部隊員のスタイリング。

防弾素材で作られたユニフォームで全身を覆い、強力な9mmメジャー弾でも致命傷を与えるには顎（あご）の下など防弾能力の低いポイントを狙わないと倒せないという厄介な敵。

手にしているのは、H&K社製MP5短機関銃の米国版クローン・モデルであるアトランティックファイヤーアームズ社製PTR-9CT。オリジナルのMP5と同様に9mmパラベラム弾（9×19mm）を使用し、作動方式も同じローラー・ディレイド・ブローバック方式を採用している。

民間向けに販売されている製品はフルオートマチック機構がオミットされており、扱いは「ピストル」となっているが、執行部隊が装備したPTR-9CTは、フルオート射撃を可能にするシアーを組み込み、サプレッサー、オープン式ダットサイト、ウエポンライト、SB Tactical社製のSBT5Aスタビライジング・ブレースなどでカスタマイズされている。

なお「スタビライジング・ブレース」は片手撃ちをする際に腕に固定する保持具という名目のパーツだが、その外観は「ショルダーストック」にしか見えない。「ピストル」であるという条件を満たすためにこう呼ばれているのだろう。

※2　ショットガンで使用可能な散弾ではない威力の大きい一発弾のこと。

ジョン・ウィック
『ジョン・ウィック』より

イラストはシリーズ第1作『ジョン・ウィック』の劇中後半における主人公ジョン・ウィックのスタイリング。独特の構えは「C.A.R.システム」(CARは"Center Axis Relock"の略)と呼ばれる実戦的射撃術に基づくもので、これは屋内や至近距離において、敵よりも素早く、敵に銃を奪われないよう身体の中心軸から銃を遠ざけずに発砲するテクニック。「High」「CombatHigh」「Extended」「Apogee」の四つの基本形から成る。

両腕の肘をほぼ90度に曲げ、合掌する手の平の中に銃のグリップを収めるような構えとなり、右利き射手であれば射撃時に右手首をねじらず一直線にして(すなわち銃を斜め45度程度左に傾けた状態のままで)、左目でリアサイトとフロントサイトが描く軸に標的を重ねて射撃する。

索敵姿勢から射撃姿勢までの移行が短時間でスムーズに行え、また、従来の銃を前方に突き出した射撃術に比べ常に視界にスライド上面が入りやすいため、排莢不良などのジャミングに即座に対応しやすいなど、より実戦的な射撃術となっている。

この際ジョンが見せるのは「クワッド・リロード」と呼ばれるテクニック。腰に装着した「ショットシェル・キャディ」から4発(2発×2列)のスラグ弾を左手で掴み取り、4発を素早く2回のアクションで装填するというもの。M2のローディングゲート脇にはマッチセイバーズと呼ばれる予備弾ホルダーが備わっており、劇中、弾薬切れを起こしたジョンはここに収めたスラグ弾を素早くローディングゲートに送り込み、敵を倒している。これらは軍の

H&K P30L自動拳銃

テクニックではなく、監督が趣味としている射撃競技3ガンマッチのテクニックだ。

チャド・スタエルスキ監督曰く、「95%のアメリカ人が映画から銃の扱い方を学び、そして95%の映画では銃の扱いが間違っている」らしい。監督は黒澤明監督作品のファンでもあり、サムライにおける刀の抜刀、剣撃、納刀といったアクションを銃でも描きたいと考えていたそうだ。これまでの映画によく見られた小道具の域を出ない銃器のアクションではなく、ホルスターからドロウし、射撃し、リロードし、ホルスターに収めるといった「ガン・ファイターとして当たり前」のアクションがしっかりと描けていると感じる。

主席連合への反旗を翻し、仲間と共に反撃に転じる次回作、JW4の公開が待ち遠しい!

「ミリタリー考証／監修」というお仕事①

役職名は一定ではない

　近年の映像作品、その中でも特に銃器・兵器やミリタリーが世界観の主題となる作品において必要とされるようになってきたものの一つに「ミリタリー考証」や「軍事監修」と呼ばれる役職があります。

　筆者はこれまでこういった肩書きでアニメーション作品に参加してきましたが、最近、「具体的にはどういった仕事をしているのか」と尋ねられる機会が増えてきたように感じます。あくまで僕（金子賢一）の目線でのことに限りますが、少しお話ししていきましょう。

　まず初めに、「○○考証」や「○○監修」といった役職は、単に言葉の使い方の違いであって実質的には同じ作業をするものだと思っていただいて構いません。制作側から作品への参加を打診された際、先方から指定される場合もあれば、自分から役職名を指定する場合もあります。

　例えば『劇場版シティーハンター』の場合は、脚本会議の段階から参加させていただき、銃器や敵勢力の設定などはもちろん、ストーリー上のミリタリー的なギミックの提案や台詞回し（セリフ）など「作品内のミリタリー的な要素全般」を一括して設定／監修させていただいたので、軍事設定や監修といった役職名からさらに一歩立ち入った、「軍事ディレクション」という役職を名乗らせていただきました。

　もちろん「銃器監修」など、作品の特定の範囲の考証／監修に関わることもあります。なお、自衛隊がメインとなる作品の場合は「軍事」とつく役職名は避けています。『GATE』では「ミリタリー監修」、『映画クレヨンしんちゃん』では「自衛隊アドバイザー」として参加しました。

早い段階で制作に関わり
選択肢を広げる提案をする

　こういった考証／監修のお仕事でちょっと困るのが、話の全体像が分からない段階、限定された状況提示だけで「○○に使う武器を教えて欲しい」などとアドバイスを求められることです。

　ある作品で「主人公が仲間から銃器を受け取る際のリアリティある所作を監修して欲しい」と依頼を受けた時は、そのシーンが戦闘中なのか、戦闘後なのか、受け取った側はその後それをどうするつもりなのか、そもそもその銃は本来誰のものか、直前までこの銃はどのような状態だったのか、などのシチュエーションが初見では分からず、その前後の絵コンテを貰って説明を受けて初めて監修に入ることが出来た、といったことがありました。

　また、ほぼほぼ構成が決まった段階、1から10であれば8〜9の段階で「さてここにリアルなミリタリー要素を入れてほしい、銃器をチョイスしてほしい」などといった依頼も大変です。ほぼ構成が決まっていると、それだけ選択肢が狭まっており、そればかりか例えばストーリー上のギミックに関わる兵器の仕組みなどについてスタッフが勘違いしたまま脚本や絵コンテ作業が進んでいることがあったりするなど、すでに修正が困難なケースすらあります。

　もっと早い段階、構成でいえば2〜3の段階でこちらがストーリーを把握していれば「そういう展開にしたいのでしたら、こういう兵器（／戦術／装備）がありますから、これを登場させてこういう展開にするのはどうでしょう」などと監督や脚本家の方に提案できます。

　ミリタリー要素はギミックの一つであり、ミリタリー要素が出張って肝心のストーリーの面白さ、エンターテインメント性をスポイルしてしまうことだけは避けなくてはなりません。が、脚本が固まる前の早い段階で提示して、監督や脚本家さんに必要なもの、面白いと思ったものは採用してもらう、作品の軸がぶれてしまうようなら不採用と、選べるよう選択肢を広げておくことは重要だと思います。

　以前、プロデューサーから「我々が『知らないこと』は我々にとっては『存在しないこと』でそもそも選択肢にも挙がらないので、色々アイデアを出してほしい」というお話を伺ってから、このことは重要だなと思っています。

　逆に失敗したな、これは必要無かったな、と反省し撤回した提案もあります。前述の『劇場版シティーハンター』での例ですが、主人公 冴羽獠（さえばりょう）を襲う小型軍用ドローンの群れをいかに獠が倒すか、のアイデア出しで、自分は実在するショットシェル型の撃ち出し式スタンガン「テイザーXREP」を提案しました。

　今回、劇中で獠は愛銃パイソン357と共にレバーアクション式ショットガンを使用するということは既に決定していたので、さらにそこから一歩進めて「でしたらショットガンにこういう特殊な弾薬があるので、高電圧でドローンの電子回路をショートさせて倒す、というギミックはどうでしょう」と提案したところで、はたと気が付きました。

　これでは肝心の獠の天才的な射撃センスと魅力が描けません。作品ではあくまで「キャラクターの機転や才能」を基にした活躍を描くことこそが重要で、「スーパー兵器」の存在が登場キャラクターの活躍を上回ってしまってはダメなのです。

　思い付いた瞬間は我ながらナイスアイデア！　だったのですが、振り返ってみればまさに「策士策に溺れ」た、苦い経験です。

本文中に登場する作品について。
『劇場版シティーハンター〈新宿プライベート・アイズ〉』2019年劇場公開　『GATE　自衛隊　彼の地にて、斯く戦えり』2015〜2016年 TVシリーズ
『映画クレヨンしんちゃん　激突！ラクガキングダムとほぼ四人の勇者』2020年劇場公開

M65フィールドジャケットの特徴と種類

ここでは、本書における幕間の小休止としてミリタリーファッションの定番アイテムを紹介しよう。取り上げるのは、春秋冬のシーズンにアウターとして着用できるM65フィールドジャケット（以下、M65FJと略記）だ。

M65FJは、原型となったM51フィールドジャケット（M51FJ）に改良を加え、1965年にアメリカ軍に制式採用された野戦服で、2000年代後半まで約40年にわたってアメリカ軍将兵に着用された。「ジャケット」とは呼ばれているが、MIL規格（※1）での分類は「コート」となっている。

生地はコットンとナイロンの混紡で、コットンの特徴である難燃性と吸湿性、ナイロンの特徴である速乾性と耐久性を兼ね備えている。キルト地の防寒ライナー（内張り）は脱着式、前身頃にフラップ付きのポケットが四つ備わっており、袖口はパイルアンドフック（面ファスナー）のストラップで留める。立ち襟にはフードを内蔵し、必要なときにジッパーを開けてフードを引き出すことができる。また背面の左右に「アクションプリーツ」と呼ばれるひだ状の折り目があり、身体全体を動かしやすくなっている。

M65FJは、MA-1フライトジャケットで有名なアルファ・インダストリーズをはじめ複数のアパレルメーカーによって生産され、長期にわたってアメリカ軍に納品された。そのため生産中にデザインの改良が重ねられた結果、多くのバリエーションが登場している（※2）。これらは便宜上、研究者やコレクターにより大きく四つに分類される。

●ファーストモデル

最も初期に生産されたモデルで、両肩にショルダーストラップが無いのが特徴。製造期間が約1年ほどと短いため、実物をサープラス（軍の放出品）市場で見かけることは稀で、かなりのレアアイテムといえる。前合わせと立ち襟の収納式フードのジッパーはアルミ製。

●セカンドモデル

両肩にショルダーストラップが備わった最初のモデルで、映画『タクシードライバー』（1976年）でロバート・デ・ニーロ演じる主人公トラヴィスが着ていたことで知られる。前合わせと立ち襟のジッパーは初期型と同じくアルミ製。

●サードモデル

アルミ製のジッパーは耐久性に問題があったため、前合わせと立ち襟のジッパーの素材をアルミから真鍮に変更したモデル。袖口のデザインも簡略化された。四つのモデルの中では最も長い期間製造されたので、サープラス市場での流通量も多い。

●フォースモデル

前合わせと立ち襟のジッパーの素材を真鍮からプラスチック（合成樹脂）に変更したモデル。

また、当初はOD（オリーブドラブ）単色のみだった色調も、1980年代以降、森林地帯向けのウッドランド迷彩、砂漠地帯向けのデザート迷彩（3色パターンと6色パターンの二種）のバリエーションが登場した。これらの迷彩モデルは、ほとんどが上述のサードモデルないしフォースモデルに当たる。

アメリカ軍による分類では、OD単色が「クラス1」、ウッドランド迷彩が「クラス2」、デザート迷彩二種がそれぞれ「クラス3」および「クラス4」と呼ばれる。

流通量が多いので本物も安く入手できる

M65FJは生産数が多く、軍の放出品が市場に多く流通しているので、一般的な"軍服"のなかでは状態の良い物を比較的安価に入手できる（※3）ことで知られる。ミリタリーファッションに興味を持った人が、最初に購入する"本物"としてはおすすめのアイテムの一つだ。

本物と複製品、コピー品を見分けるには、ジャケットの内側に縫い付けられたタグ（ラベル）を確認するといいだろう。本物の場合、このタグにはサイズやアイテムの正式名称と並んで

軍のストックナンバーやコントラクト（契約）ナンバーが記されている。ただし、近年はこのタグ自体もコピーされている場合があるので、絶対とは言えないのだが…。

襟の内側に収納された簡易
フードを引き出した状態
写真／Alpha Industries

M65フィールドジャケット
（セカンドモデル）

正式名称：COAT, MAN'S FIELD M-65
　　　　with HOOD, NYLON COTTON
　　　　SATEEN OG-107
採用年月：1966年9月
米軍での着用時期：ベトナム戦争後期〜
　　　　　　　　　1980年代
　M65フィールドジャケットは、単なる軍服の枠を越えてミリタリーファッションの世界でも定番となっているアイテムの一つだ。イラストは一般に「セカンドモデル」と呼ばれるもので、銀色に光るアルミ製のジッパー、サードモデル以降では簡略化されてしまった凝ったつくりの袖口などが特徴。右胸と左袖上腕部のパッチは、映画『タクシードライバー』（1976年）の主人公トラヴィスが劇中で着ていたM65FJに付いていたもの。

"We Are
The People"

King Kong
COMPANY

3色パターン デザート迷彩のM65FJ
写真／Golden Manufacturing

「セカンドモデル」までの袖口
にはストラップの内側に写真
のようなマチが備わっている
写真／Nest Clothing Store

No.21 各国の軍用ブーツとこぼれ話

ブートキャンプ第一教程の"ツンデレ"

2005年頃に日本でもヒットした「ビリーズ・ブートキャンプ」というエクササイズをご存知だろうか？ 米国人のエアロビクス・インストラクター ビリー・ブランクス氏が、アメリカ海兵隊の新兵訓練 "Boot Camp"（ブートキャンプ）を基に考案した短期集中型のエクササイズで、内容はしんどいものの効果をすぐに実感できるとして、一時はブームとも言えるほどの人気を博した。

さて、その基になった"本物の"ブートキャンプについて、ボクの友人

で元アメリカ海兵隊員のMさんからこんな話を聞くことができた。

ブートキャンプの期間は11週間。これが大きく三つに分かれてるんだけど、最初の第一教程では鬼教官から「お前ら蛆虫どもに我が栄えある海兵隊のブーツを履かせるなど一〇〇年早い！ 白ソックスにスニーカーで十分だ！」と言い渡され、ブーツを履かせてもらえなかったそうだ。第一教程では「よーし、今日は1時間だけブーツを履いてよし！」と許可が下りた時だけ特別にブーツを履くことが許された。

第二教程に進んで、やっとブーツを日常的に履くことが許可された。後で分かったことだが、実は第一教程でブーツを履くのを禁じられていたのは、いきなり履き慣れないブーツで激しい運動をして足を痛めてしまわないように、と

将校用乗馬長靴
（日本陸軍 第二次大戦）

日本軍に限らず、欧州の軍隊では将校用ブーツは大半が私物であった。各人の足型に合わせて製作されたオーダーメイド品も多いため、量産品である官給品の兵用ブーツよりも品質が高くスマートなデザインとなっている。日本陸軍将校の場合、イラストのような茶色もしくは黒色の長靴を着用した。日本兵というと「編上靴とゲートル」というスタイルが一般的だが、将校の他、騎兵や憲兵など一部の兵科の下士官／兵も官給品の長靴を着用していた。

100

いうツンデレ的配慮だったのだ。

「か、かん違いしないでよね！　別にアンタの足が心配だったワケじゃないんだからねっ！」というわけである。それはともかく、ずっとお預けされてただけにブーツへの愛着も一入だったとのこと。

ただし、しばらくはBDU（戦闘服）トラウザーズの裾をブーツにたくし込んだり、裾ゴムバンド（※1）を使うことは許されず、外巻きのロールアップ状態で履き続けることになる。正しい海兵隊員のスタイルになるのは第三教程からだ。

すなわちブートキャンプの訓練生は、足元を見れば、いま第何教程まで進んでいるかが一目で分かるのである。

陸自隊員の"磨く"こだわり

ブーツへのこだわりといえば、我が国の自衛隊も負けてはいない。とくに陸上自衛隊隊員の「磨きとツヤ出し」に懸ける手間ヒマは、「衛生上、清潔に保っておく」とか「革製品として手入れを忘れない」とかいうレベル以上の執念のようなものがある。

陸自隊員に貸与されるコンバットブーツとしては、「半長靴」や「戦闘靴」がある。半長靴、戦闘靴ともに爪先を保護するため爪先部分の革が二重になっているのだが、この爪先部分を磨いて磨いてテカテカに保つのが陸自隊員のこだわりらしい。ブーツ全体は靴クリームを塗り込むための「付けブラシ」と、仕上げ用の「磨きブラシ」を使い分けて磨く程度なのだが、こと爪先部分になると、そこから先は各駐

屯地の伝統、先輩隊員からの直伝、自己流など様々な方法で磨き上げる。

僕の友人の自衛官の場合だと、一通りのブラッシングを終えた後、水をつけた手ぬぐいで磨き、最後に乾いたストッキングで仕上げるとのこと。他には普通の紳士靴用のスポンジ付きツヤ出しワックス（※2）や極端な例ではプラモデル用（!）のツヤ出しスプレーを吹いて仕上げる隊員さんもいるとか。

このように陸自隊員はブーツを磨くことにかなりのこだわりがあるので、もし駐屯地祭や観閲式を見学する機会があったら、ぜひ隊員さんの足元に注目してみるべし。

USMCコンバットブーツ
（アメリカ海兵隊 2000年代〜）

新型の迷彩服に合わせ「MARPATブーツ」とも呼ばれるブーツ。タンカラーのスウェード製革靴だが、砂漠戦専用ではなくすべての地域で着用される。デザインは陸軍のものと基本的に同一だが、踵（かかと）の側面にアメリカ海兵隊のシンボルマークが型押しされているのが特徴。インナーには「ゴアテックス・ブーティ」と呼ばれる防水透湿素材が使用されている。ソールはビブラム社が開発したもの。
MARPAT:MARine corps PATtern（海兵用迷彩パターン）

下士官／兵用行軍ブーツ
（ドイツ陸軍 第二次大戦）

第二次大戦以前に生産されたブーツは丈の長いスマートなものだったが、大戦が始まると資源節約のために丈を若干短くしたモデルが登場した。その外観から隊員の間では「サイコロつぼ」と呼ばれた。靴底は革を積層したもので、「ホブネイル」と呼ばれる滑り止めの鉄鋲や、踵（かかと）を保護する馬蹄型の金具が取り付けられていた。しかし、冬の東部戦線ではこの鉄鋲によってブーツ内部が冷却され、多くのドイツ兵が凍傷に悩まされる原因となった。

地上部隊用のコンバットブーツは革とナイロン素材で製造されているが、アメリカ空軍のパイロット用ブーツは今日においても伝統的に総革製となっている。これは機上火災などが発生した際に、熱で溶け出したナイロン生地が皮膚に貼りつくことを防ぐためである。これと同様の理由で、ベトナム戦争中のアメリカ陸軍のヘリコプター搭乗員たちはトロピカルコンバットブーツ（次ページを参照）を嫌い、朝鮮戦争時からの旧式黒革コンバットブーツを着用していた。

USAF
パイロット用ブーツ
（アメリカ空軍
1980年代〜）

※1　正式な支給品ではないが、ブーツを履いた際に戦闘服の裾をすっきり見せ、同時に砂などの侵入を防ぐためのアイデアグッズの一つ。「ブーツバンド」「足ゴム」とも呼ばれる。両端にＳ字金具の付いた太いゴムバンドで、ブーツを履いた足首部分に巻き付けたのちに戦闘服の裾をこのバンドに内巻きに巻き込んで着用する。

※2　ただしこれは、通称「ちょんぼ液」として邪道扱いされてるらしい。

紳士用革靴の由来は軍用ブーツ？

紳士用革靴には幾つかのタイプがあるが、足の甲の部分を靴紐で編んで締めるタイプの紳士用革靴には、大きく分けて「内羽根式」と「外羽根式」の二種類がある。

内羽根式はどちらかというとフォーマルな冠婚葬祭用、外羽根式は一般的なビジネスシューズというイメージがあるが、このうち外羽根式革靴のルーツは19世紀初頭のプロイセン軍の軍用編み上げブーツにある。外羽根式の革靴を意味する"Blucher"（ブルーチャー）という呼び名自体、このブーツを考案したプロイセン軍のブリュッヒャー元帥の名を英語読みしたものなのだ。

外羽根式の靴の紐を解くと、足の甲の部分を左右から締め付けている羽根を簡単に緩めることができるが、これにより長靴型の乗馬ブーツや内羽根式の革靴よりも素早く脱き履きができる。兵士、特に歩兵にとって足は兵器。休息時は即座に靴を脱いで疲れを癒し、またすぐに履けるということはとても重要だった。逆を言えば、21世紀現在のコンバットブーツも、その基本デザインは19世紀の段階ですでに完成していたとも言える。

以降、このスタイルのブーツは軍用のみならず狩猟用や労働者用革靴として一般にも広く浸透し、それがさらに今日の紳士用革靴へと発展していった。かつての軍靴のデザインを流れを汲む現在の紳士用革靴は、いわば「企業戦士の軍靴」なのだ。

お仕着せのブーツを止めたアメリカ陸軍

2004年のこと。アメリカ陸軍は兵士が着用するコンバットブーツについて興味深い通達を出した。2005年4月から支給が開始される次期戦闘服ACU（Army Combat Uniform）に合わせるブーツを、「『高さ8インチの編み上げ式、本体はタンカラーのスウェード（裏出し）革製、ジッパー閉鎖式は不可』という規格に適合していれば、各自で用意したものを自由に着用してよい」としたのだ。

アメリカは多民族国家ゆえ様々な体型の人がいるし、そもそも靴は服に比べてサイズ合わせがよりシビアという理由もあるだろう。しかしながら、膨大な数の軍需品を扱うことで知られるアメリカ陸軍が「各自自分の足に合う靴を探して履いてOK！」としてお仕着せの靴を用意するのを止めたということは、裏を返せば、兵士一人一人の足に合った靴を用意するのが如何（いか）に重要か、ということの証に他ならない。

通称「ジャングルブーツ」と呼ばれる熱帯地用のコンバットブーツで、ベトナム戦争に投入された。黒革とOD色の厚手ナイロン生地で作られており、それまでの総革製のブーツよりも軽量で速乾性に優れている。土踏まずの内側側面にはブーツの中に溜まった水や発汗による水分を排出するための水抜き孔が備わっている。イラストは初期の「ビブラムソール」モデル。登山靴の靴底を参考にした細かいブロックパターンが特徴だが、ベトナムの戦場では泥などが詰まりやすいという欠点があった。ベトナム戦争後期にはブロックパターンを大きくした通称「パナマソール」モデルが登場する。

トロピカル
コンバットブーツ
（アメリカ陸軍 1960年代～）

MILITARY UNIFORM

史実の軍装

第二章

ここからは、史実編として、明治から昭和期にかけての日本陸軍、第二次大戦のドイツ空軍、第二次大戦の看護部隊＆婦人部隊、世界の海兵隊の軍装などを解説していきます。

日本語なのに分かりにくい

史実編のトップを飾るのは日本陸軍の軍装。ただ一概に日本陸軍の軍服・装備といっても、年代や用途によってその種類は多岐にわたり、すべてを紹介するのは難しい。ゆえにここでは、明治期後半から終戦までの下士官兵用の標準となる軍服に焦点を絞って解説していこう。

ただし、少し困ったことが。日本軍の軍装って用語がいちいち難解なんだよね。例えば「歩兵科の鍬形は入八双に仕立てた緋色の定色絨を…」とか書いても、興味の無い人には何の事かちんぷんかんぷんだし、「被甲嚢」と呼ぶより「ガスマスクケース」、「負革」と書くより「ライフルスリング」とした方が通りがいい。日本の物を日本語で解説するより、英語で説明した方が分かりやすいという妙な現象が起きてしまうのだ。

ゆえにここでは、できるだけ正式名称と現代風の呼び名を併記していくのでご了承いただきたい。

日本陸軍の軍服の基本構成

陸軍の兵士が日常着用している軍服の上下揃いを「軍衣袴」と呼ぶ（※1）。「軍衣」は冬用の上着を、「軍袴」は冬用のズボンを指し、それぞれカーキ色のラシャ（ウール）生地で仕立てられている。

翻って、同一のシルエットながら厚手の綿（コットン）生地で仕立てられた軍服は「夏衣」「夏袴」と呼ばれ、こちらは夏服に当たる。この上下二種類の軍服が陸軍兵士の基本的なユニフォームだ。

さらに軍袴・夏袴には、それぞれスラックス（長ズボン）型の「長袴」と、太腿部が両サイドに膨らんだブリーチ（乗馬パンツ）型の通称「短袴」の二種があり、所属兵科や役職に応じてどちらか一方を着用する。まとめるとこうなる。

冬服（ラシャ生地製）
・軍衣／軍袴（長袴もしくは短袴）
夏服（綿生地製）
・夏衣／夏袴（長袴もしくは短袴）

で、この軍服の下に襦袢（シャツ）と袴下（ズボン下）を着用している。南方戦線においては熱帯服である防暑衣袴などを着用するが、こちらはこちらでバリエーションが多いのでここでは割愛する。

建軍から明治期までの軍服

●紺絨服／白服（明治19年〜明治38年）

日本陸軍の軍衣袴は、欧州各国軍の軍装を手本に明治4年（1871年）から6年にかけて制定され、明治19年（1886年）に初の大きな改正が行われた。この頃の将校の野戦服は、俗に「肋骨服」と呼ばれる胸に何本もの飾り編み紐が取り付けられた濃紺絨（絨はウール生地のこと）の軍服で、欧州軍隊の騎兵服（ドルマン）を参考にしている。兵卒は前合わせを5個釦で留める紺絨服を着用した。

所属兵科や着用者の階級は、袖口・襟に施された色やラインの数、軍帽の鉢巻に縫い込まれたラインで示し、また近衛師団所属の将兵と一般師団所属の将兵では軍帽の鉢巻の色が異なる（近衛は赤、一般は黄）など、使い回しの利かない複雑な軍服体系だった。そのため量産には向かず、補給や補修の点で問題が多かった。

なお、夏季には上下とも白一色の軍服を着用し、軍帽にも白いカバーをして着用。日本陸軍の兵士は冬は紺絨服、夏は白服のスタイルで日清戦争から日露戦争の初期までを戦ったのだ。え、イメージが湧かない？　そういう人は映画『二百三高地』を観なさい！

●カーキ色の「戦地服」（明治33年〜）

明治33年（1900年）の北清事変（義和団事件）の頃になると、建軍以来初めてカーキ色の軍服が登場する。これは制式の軍服というわけではなく、清国に駐屯していたフィリピン駐留の米国軍、インド駐留の英国軍が用いていたカーキ色の夏服を模倣した、大陸駐屯軍独自のものだった。

それから4年後、明治37年〜38年の日露戦争でもカーキ色の軍服は着用されているが、あくまで臨時の夏用「戦地服」としてだった。だが日露戦争後期になると、このカーキ色戦地服が次第に一般化し、

※1　このように呼んでいたのは昭五式の時代までで、九八式以降は「冬衣」「冬袴」と呼称するのが制式。ただし旧来からの呼称も引き続き広く使用された。

旧来の軍服は着用されなくなっていった。

戦地において急速にカーキ色の軍服が広まった最大の理由は、その「迷彩効果」「低視認性」にある。前世紀までの軍隊は貴族や職業軍人のものであり、軍服には華麗な装飾が施されるのが常だった。しか

し、双方が長射程・多装弾数を誇る小銃や機関銃を装備して戦った日露戦争では、従来の黒（濃紺）または白一色の軍装では狙撃の対象になりやすく、損害が続出することになる。

事実、北清事変では各国の海軍陸戦隊・海兵隊が白いセーラー服スタイルの夏服を着用していたために狙撃に悩まされ、現地で服を染めたり、泥を塗り込んだりしてなんとか目立たないよ

大正期の 帝国陸軍兵士の軍服

●四五式軍衣
明治45年（1912年）に制式化した帝国陸軍下士官兵用の軍服。素材は高品質なラシャ（ウール）生地製で、黄色味の強いカーキ色。俗にカラシ色とも呼ばれる。襟は上下二段の金属製フックで留める立ち襟型、前合わせは五つの金属製ボタンで留める方式で、ほぼ現代の詰襟学生服と同じ形状である。

物入れ（ポケット）は釦留め雨蓋（フラップ）付きのものが両胸に備わっている。将校用の四五式軍衣には両腰部にも物入れが備わっているが、下士官兵用には無い。これはこの位置に小銃弾用弾薬盒（弾薬パウチ）を着装するため。両袖には緋色（ひいろ）の線が縫い込まれているが、大正11年（1922年）、これを取り去るよう通達された。左脇下には「剣留」と呼ばれる釦（ボタン）留めのストラップが備わっており、銃剣を吊る場合はこれに帯革（革ベルト）・剣吊り革具を通して着装する。

●徽章類
肩章（階級章）は着脱が可能で、軍衣両肩の前後に縫い付けられた肩章支紐（ループ）に通して装着する。デザインはフランス軍の「バサン」と呼ばれる肩章を基にしている。イラストでは緋色のベースの上に黄色い星が三つで「上等兵」を表している。

襟章は兵科章の一種で、定色絨（兵科色をあしらったラシャ生

地）で作られている。このデザインは「入八双」と呼ばれ、一説には古代の盾を左右に分割したデザインであるとも言われる。色で兵科を、その上に取り付けられた金属製の徽章で連隊番号や所属部隊、役職を示した。イラストでは歩兵科の兵科色である緋色の上に「3」の金属製徽章が取り付けられているので「歩兵第三連隊」所属であることが伺える。

この他、看護兵やラッパ手など着用者の役職等を示す徽章（臂章：ひしょう）を袖の上腕部に着用する。精勤章は右袖、それ以外は左袖。イラストの例は「伍長勤務上等兵」を表す。

●四五式軍帽
明治45年制定。制定当初は野戦時にも着用されたが、緋色の鉢巻き部分が目立ち、鉄帽（ヘルメット）や防毒面（ガスマスク）との併用が困難なため、昭和期に入ってからは着用の機会が減った。

「歩兵第三連隊」襟章

「上等兵」階級章

「伍長勤務上等兵」臂章

物入れ（ポケット）

四五式軍衣

剣留

四五式軍帽

下士官兵用の四五式軍帽
写真／Kenichi Kanoko

下士官兵用の四五式軍帽の内側
写真／Kenichi Kaneko

うに苦心している。その中でも、特に日本軍は海軍だけでなく陸軍も白の夏服を採用していたためこの問題は大きかった。

　また、近代戦では今までにない大量動員の必要があり、同時にそれを賄えるだけの大量の被服を用意するべく、安価で生産しやすく同一規格の軍服が求められたことも理由の一つだろう。

　着用者の私費で仕立てる将校の軍装はともかく、従来の紺絨服の縫い込み式の定色絨や階級章は、量産性・廉価性・補修の簡易性・支給の利便性を大きく妨げるものだった。将来の近代戦に向けて、規格化されたカーキ色の軍服は着用側・用兵側の双方にとって有益なものだったのだ。

●三八式軍衣（明治39年〜昭和13年）

　日露戦争中に製造・支給されたカーキ色の戦地服は規格化され、明治38年（1905年）7月に陸軍戦時服として制定された。これが翌39年4月に、従来の明治十九年型軍服に代わる陸軍制式軍服として改めて採用される。現在では、分類上「三八式」と呼ばれる軍服である（※2）。

　この軍服のスタイルは、当時の世界水準からみても完成度の高いもので、昭和13年（1938年）に折り襟スタイルの「九八式」が採用されるまでの約30年間、日本陸軍の顔として愛用された。後継の九八式の登場から太平洋戦争終戦まではわずか7年間だから、「陸軍の兵隊＝立ち襟の軍服」であった時期がいかに長かったかお分かりいただけるだろう。

　三八式が近代的と言われる所以（ゆえん）は、カーキ色を平時戦時、冬期夏期問わず通常軍服に採り入れたことであった。カーキ色の軍服は野戦における視認性が低く、汚れも目立たず、万が一負傷し服に血が滲ん（にじ）でも士気の喪失が少ないなどの点で従来の軍服に比べ優れていた。

　また日露戦争においては、前線の将校が集中的に狙撃される例が多かったため、構造上のわずかな違いを除き、将校・下士官兵問わず同一形式とし、両肩の肩口に縫い付けられた短冊状の仏軍式「バサン」型階級章で階級を示すこととした。

　さらに、従来は仕立ての段階で軍衣跨の各所に縫い込んでいた兵科定色絨を「鍬形」（くわがた）と呼ばれる徽章にあしらい、立ち襟の正面に縫い付けることによって所属兵科を示した。近衛師団と一般師団の将兵の

軍装の差異も、軍帽正面に取り付ける金属製徽章のみとした。

　このように、規格化された夏冬二種類の"プレーンな"被服を大量に生産し、階級や所属兵科に合わせて徽章を後から"デコレーションする"という合理的なやり方は、当時の諸外国軍隊の軍装でもあまり例を見ない革新的なシステムだったのだ。

立ち襟型軍衣の改正

　この三八式軍衣袴は後年、色調・釦・サイズ構成等に変更が加えられていく。以下で仕様の変遷を見ていこう。

●四二式軍衣

　明治42年（1909年）12月、三八式軍衣袴のサイズ構成が一号から四号だったのを、一号から六号までの六段階に改めた。また、釦を将校用のものに似た小型で平らなものに変更。肩章を直接縫い付け式から釦留めの脱着式に改めたものを「改正四二式」と呼ぶ。

●四五式軍衣

　明治45年（1912年）、大礼服・軍服その他様々な被服や装具の規定に変更が加えられた。軍衣のシルエットをスマートな背広型とし、ウエストを絞り、着丈を若干長めに変更したものが四五式軍衣である。また、この改正から軍衣の内側に「四五式」の表記がなされるようになった。大正6年（1917年）には「改正四五式」が登場。近年の兵士の体格に合わせ、従来のものより若干大きく仕立てられている。軍衣の内側には「改四五式」の表記がなされた。

●昭五式軍衣

　昭和5年（1930年）に採用された日本陸軍の立ち襟型軍服の最終型。裏地の一部省略や仕立ての見直しなど、生地の節約と作業工程の簡略化が図られた生産性向上型である。

折り襟の軍服「九八式」の採用

　昭五式軍衣の基本的なスタイルは、明治期からの立ち襟型軍服の流れを踏襲したものだった。陸軍被服廠は昭五式軍衣に代わる近代戦に適合した次世代の野戦服を模索し、諸外国軍の被服を研究してい

※2　三八式から改正四二式までの名称は、後年の研究者が分類のために便宜上名付けたもので、当時使用されていた名称ではないことに注意。

下士官兵用軍衣の変遷

下に示したのは、明治後期から昭和20年にかけての陸軍制式軍衣の一覧で、それぞれ揃いの軍跨も制定されている。なお、ウール製の軍衣・軍跨と同じデザインの綿生地製「夏衣」「夏跨」も存在し、夏季に着用された。

三八式軍衣
明治39年（1906年）制定

日露戦争直後に採用された日本陸軍初のカーキ色制式軍衣。後年のモデルとデザインは同じだが、前合わせのボタンは大型でドーム型の通称「饅頭ボタン」、肩章（階級章）は直接縫い付け式となっている。それまでの十九年式軍衣用のウール生地が大量にストックされていたため、それを利用した紺色の三八式軍衣も代用軍衣として生産、支給された。

四五式軍衣
明治45年（1912年）制定

以降の立ち襟型軍衣の標準となる着脱式の肩章や小型で平らな真鍮製ボタンなどが採用されたモデル。大正6年にはサイズの見直しが行われた「改正四五式軍衣」が制定。なお、軍衣の袖口及び軍跨の側面に縫い込まれていた緋色線は大正11年に廃止され、すでに生産・支給された軍衣からも取り除くよう通達された。

昭五式軍衣
昭和5年（1930年）制定

立ち襟型軍衣の最終型。それまでの軍衣の背が一枚裁断であったのを背中の中央で縫い合わせる二枚はぎとし、裏地も一部を省略、着丈が若干短くなるなどして生産性が向上した。スマートなシルエットは九八式軍衣の採用後も古参兵に愛され、特に大陸戦線では引き続き着用された例も多い。

九八式軍衣
昭和13年（1938年）制定

大幅に改定された新型軍衣（冬衣）だが、初期のものは昭五式同様カラシ色の上質のウール生地で生産されている。第一ボタンを外し開襟状態でも着用できる折り襟の採用、裾ポケットの追加などが主な特徴。あわせて徽章類も変更され、階級章は肩章から小型の襟章へ、兵科章は鍬形襟章から右胸の山形胸章となった。

三式軍衣
昭和18年（1943年）制定

デザインは九八式軍衣と同一だが、サイズをそれまでの六段階から大中小の三段階とした戦時生産型。ウール生地の質も低下し、茶色味の強い色調となった。各部のボタンも、それまでの金色の真鍮製ボタンから茶褐色に塗装された鉄製ボタンや樹脂製ボタンに変更された。

戦時服（決戦服）
昭和19年（1944年）制定

昭和19年12月の「大東亜戦争陸軍下士官兵服制特例」によって制定された短ジャケット型の戦時省力型軍衣。裏地には「戦時」の表記がある。裾ポケットやサイドベンツは省略され、裏地も一部のみとなっている。ボタンも省力化が図られ、アルミ製の皿ボタンの他、陶器製や竹製のものも使用された。

たが、そんな折、昭和12年（1937年）7月に南京郊外の盧溝橋で支那事変が勃発した。

これを受けて陸軍被服廠は昭五式軍衣のストック分を大陸方面に送り、昭五式の在庫が底をついたのを契機に、先の研究結果を基に新型軍服の開発に着手。昭和13年（1938年）、勅令第392号によりこの新型軍服は「九八式」として採用されることとなった。

●九八式軍衣

最大の特徴は、明治以降長らく続いてきた立ち襟を開襟での着用も可能な折り襟スタイルに改めた点にある。この折り襟スタイルは、単純に機能面の研究に基づく他、ドイツ陸軍の軍装の影響を受けたため、とも言われている。

また軍跨は、従来は所属兵科や役職に応じて長跨、短跨のどちらか一方を支給していたが、九八式軍衣の採用をもって兵科に関わらず戦闘部隊すべ

てを脚絆を巻きやすい短跨に統一し、動員時の交付
や戦地への補充作業を容易にした（※3）。

戦時量産に適した簡易型軍服

九八式の採用により陸軍将兵の軍装はかなり精
錬されたものとなったが、昭和16年（1941年）の対
米英開戦以降、様々な理由からこの九八式に改定が
加えられる。これが昭和18年（1943年）10月の勅
令774号で制定された「三式」である。

●三式軍衣跨

昭和18年（1943年）制定。デザインは九八式軍
衣跨と同一のまま、生産性の向上と支給整備の簡易
化を狙ったモデル。サイズは大中小の三段階とな
り、生地の質も低下した。また階級章のデザインも若
干変更され、星の位置が身体の中心線に寄った
位置となった。

●戦時服

昭和19年（1944年）末、さらに生産性の向上を狙
った簡易型軍服が制定される。この形式の軍衣には
内側に「戦時」の検定印がありそれと分かる。生産
開始が終戦間際だったため前線における着用例は
確認されず、本土決戦に向けて国内にストックされ
たと考えられている。

以上、駆け足で日本陸軍の軍服の変遷を紹介して
みた。三式および戦時服を最後に日本陸軍の服制は
途絶えるが、終戦後、国民に無料で支給されたこれ
ら軍服はその多くが作業衣として国と国民に最後
の御奉公をし、戦後の復興期を陰で支えたのであ
る。

「野砲兵第十三連隊」襟章

「曹長」階級章

昭五式軍衣

下士官兵用略帽

「一等兵」階級章

九八式軍衣

昭和期の 帝国陸軍兵士の軍服

●昭五式軍衣
帝国陸軍の立ち襟型軍衣の最終型。仕立てが
一部省力化されている他は、前掲の四五式軍衣
と同一のスタイル。イラストの場合、襟部の山吹
色の定色絨製鍬形と「13」の金属製徽章から「野
砲兵第十三連隊」所属、金線1本と三つの金属
製星章の肩章から「曹長」であることが分かる。
昭五式軍衣は昭和13年（1938年）に九八式軍衣
に制式の座を譲ったが、大陸戦線ではそのスタイルの
良さから特に古参兵士に人気があり、「昭五式軍衣＋
九八式の小型階級章」や「昭五式軍衣＋九八式小型
兵科章」といった新旧混在の着用法をされた例が少な
くない。九八式軍衣の折り襟を立ち襟に仕立て直して
着用していた兵士の例なども確認されている。

●下士官兵用略帽
昭和13年（1938年）、九八式軍衣跨の採用と同時
に制式化され、営内から戦地において広く着用され
た。後頭部には日除けのための略帽垂布を装着でき
る。帽体正面には黄色ラシャ生地製の星型帽章
が縫い付けられている。帽章の下のストラップは革
製の顎紐が付く。

●九八式軍衣
昭和13年（1938年）制定。第一釦を外して開
襟状態でも着用できる折り襟式の襟部と、それに
合わせた小型の襟用階級章、両腰部の物入れなど
が特徴。より実戦的な軍服となった。襟の階級章は
「一等兵」を表す。
昭五式軍衣までの襟の鍬形が廃止された代わりに、
右胸に「M」字型の山形胸章を付け、この色で所属兵科
を示した（イラストは緋色で歩兵科）。ただし昭和15年
（1940年）9月には陸軍における兵科区分が廃止された
ため、憲兵や衛生部・法務部・軍楽部といった一部の職
種を除き、この山形胸章も廃止された。

※3　なお九八式以降、ネル生地などの保温用の内張りを
　　備えた綿生地製の冬用軍衣袴（通称「代用軍衣」）
　　も登場した。

長く使われた日露戦争時代の野戦装具

ここでは、日本陸軍の各種野戦装具を紹介しよう。とはいえ、誌面の都合上すべてを網羅するのは難しいので、特に昭和16年（1941年）の対米英開戦時のものに焦点を当てて解説していく。

昭和期の日本陸軍兵士の軍装・野戦装具は、昭和5年と昭和13～14年にその多くに改正が加えられ、昭和16年の対米英開戦時はカーキ色の布製装具が制式化されていた。ただし、小銃の属品である帯革（ベルト）、弾薬盒（小銃弾入れ）、銃剣といった腰回りの装備一式は、日露戦争時代のものがほぼそのまま昭和20年の終戦時まで使用されている（併載の【表1】を参照）。

それ以外の装備も、ほとんどは革から布への素材の変更と生産性の向上を図ったデザイン変更のみに留まり、大幅な見直しは行われなかった。主武装である小銃と銃剣が明治期以来改正されなかったため、莫大な費用を投じて全軍の個人装備までを更新する必要が無かった、という見方もできる。

対米英開戦時の陸軍兵士の野戦装具

では早速、昭和16年の開戦時の陸軍兵士の携帯火器・野戦装具のディテールを見ていこう。

●三八式歩兵銃

明治38年採用のボルトアクション式ライフル。口径6.5mm、5連発。日露戦争時の主力小銃だった三十年式歩兵銃の機関部を改良した型である。「歩兵銃」と呼ばれるのは、騎兵や工兵用に銃身を短くした三八式騎銃（カービン）が別に存在するため。

●九九式短小銃

昭和14年採用の主力小銃。高威力化を図るため口径を7.7mmに拡大し、一方で取りまわしを良くするため三八式歩兵銃より全長を短くしている。諸兵科共通小銃として採用されたため、歩兵銃／騎銃という分類はされていない。実質的な配備は昭和16年以降となり、終戦まで三八式歩兵銃を更新するには至らなかった。三八式歩兵銃との混在により、結果

的に補給整備の面で困難を招いてしまった。

●帯革

装具の基幹となる幅広の革製ベルト。長さ約1m、幅4.5cm。厚手の牛革製のものが標準的だが、支那事変勃発の頃から圧搾ゴム引き綿布製のものも登場し、併せて使用されている。なお、帯革は「三十年式銃剣」を携行するための属品なので、銃剣を腰に吊らず帯革だけを着用することは、厳密には服装規定違反になる。防寒服を着込んだ際など、胴回りが帯革の長さの調整範囲を超えてしまう場合は、「補助帯革」と呼ばれる一種のアタッチメントを使用して帯革の全長を延長することができる。

●三十年式銃剣及び剣差し

明治30年に三十年式歩兵銃と共に採用された銃剣。三八式や九九式短小銃にも装着できたため終戦まで使われ続けた。40cmもの長い直刃が特徴で、俗に「ゴボウ剣」とも呼ばれた。九九式短小銃の採用に合わせ、釣り針状に湾曲した鍔を直線にしたタイプも生産され、併せて支給されている。大戦末期には木製、竹製、ゴム製鞘のものなども登場した。

剣差しは銃剣を帯革に吊るすための革具。帯革同様、牛革製のものの他、圧搾ゴム引き綿布製のものも存在した。帯革を通した剣差しを軍衣の左脇下に備わった「剣留」（ボタン留めのストラップ）で固定

【表1】終戦時に制式または現役だった装備

制式化された年	装備の名称
明治30年	三十年式銃剣
	帯革
	三十年式弾薬盒
明治38年	三八式歩兵銃
明治45年	四五式軍帽
昭和5年	昭五式水筒
	昭五式編上靴
昭和13～14年	九九式短小銃
	略帽
	九八式軍衣袴
	九八式外套
	雑嚢
	九九式背嚢
	九九式防毒面及び携行袋

することで、銃剣と帯革に通した弾薬盒類の重量を
軍衣全体で支えることができる。

●三十年式弾薬盒

　弾薬盒（小銃弾用パウチ）は小銃の属品として支
給された。歩兵用弾薬盒の場合、前盒二つと後盒一
つを一組とする。前盒に各30発、後盒に60発、合わせ
て120発の小銃用弾薬を携行できた。九九式短小銃
の採用に合わせ、革の縫い合わせ方法を改良したタ
イプ（通称「九九式弾薬盒」。海軍陸戦隊での使用が
多かったことから俗に「海軍型」とも呼ばれた）も登
場し、旧来の三〇年式弾薬盒と並行して製造され
た。

　小銃弾は通常、15発（5発一組×3）入りの紙箱
に梱包された状態で支給された。紙箱ごと弾薬盒に
収納し、必要な際に紙箱の上蓋をちぎって5発を一
組とした挿弾子ごと取り出した。後盒には小銃弾の
他、手入れ用の油缶、遊底（ボルト）分解用の工具も
収納される。

　なお、弾薬盒は歩兵用の「甲」とは別に、騎兵用の
「乙」、砲兵・工兵等用の「丙」が存在し、乙・丙共に
右腰部に装着する。

●昭五式兵用水筒

　日本軍の水筒は負革・負紐が備わった肩掛け式
で、自費で購入する将校用水筒と官給品の兵用水筒
では全くデザインが異なるのが特徴だ。建軍当初、
兵用水筒はガラス瓶を革製のハーネス（釣革）に収
めたものだったが、明治期後半に水筒本体は茶褐色
に塗装された筒型アルミニウム製となった。その形
から「トックリ水筒」とも呼ばれている。容量は
600ml。

　昭五式兵用水筒は片側（肩に掛けた際、身体に密
着する側）が平べったい楕円形の水筒で、容量は
1,000ml。その形から旧式のトックリ水筒に対して
「アンパン水筒」などとも呼ばれる。肩掛けするため
のハーネス（釣紐）は固く編んだテープ状のキャン
バス生地製。

　開戦後は水筒本体のアルミニウムの質を低下さ
せ、ハーネスを簡素化したものも生産されるように
なった。これらは昭五式採用当初の「イ号水筒」に
対し「ロ号」「ハ号」と呼ばれ分類されている。大戦
末期には原料となるアルミニウム不足からゴム製の

水筒なども登場した。

●雑嚢

　昭和13年に採用された布製のショルダーバッグ。
内側は大と小の二つの気室に仕切られており、手榴
弾や携帯口糧（携帯レーション）、包帯、その他日用
品などを収納できる。それ以前のも
の（昭和7年制定）と
比較し、容量は約
1.5倍に増えてい
る。一方で金具の使
用は抑えられ、省力
化が図られている。大戦
末期にはすべての金具を廃
し、負紐の長さ調節機能も省い
た戦時省力型が製造された。

●飯盒

　野外調理器具兼食器。大戦時は
明治31年に採用された飯盒と、
俗に二重飯盒・新式飯盒とも
呼ばれる九二式飯盒が併用
された。明治31年採用の
タイプは現在でもキャ
ンプ用品店などで
「兵式ハンゴー」
の名で販売さ
れているもの
とほぼ同一
の仕様。

対米英開戦時の帝国陸軍兵士

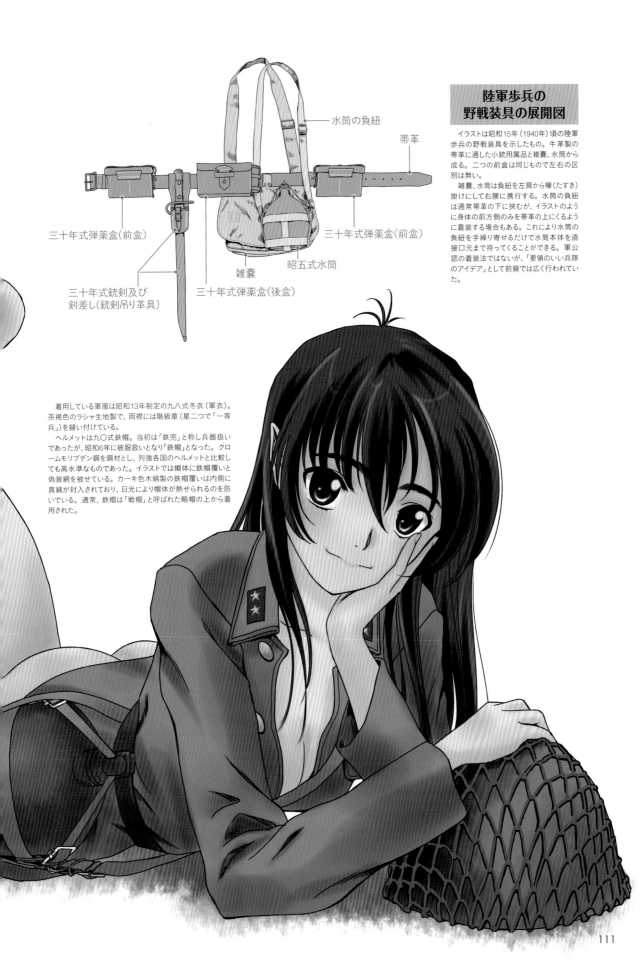

水筒の負紐

帯革

陸軍歩兵の
野戦装具の展開図

イラストは昭和15年（1940年）頃の陸軍歩兵の野戦装具を示したもの。牛革製の帯革に通した小銃用属品と雑嚢、水筒から成る。二つの前盒は同じもので左右の区別は無い。

雑嚢、水筒は負紐を左肩から襷（たすき）掛けにして右腰に携行する。水筒の負紐は通常帯革の下に挟むが、イラストのように身体の前方側のみを帯革の上にくるように着装する場合もある。これにより水筒の負紐を手繰り寄せるだけで水筒本体を直接口元まで持ってくることができる。軍公認の着装法ではないが、「要領のいい兵隊のアイデア」として前線では広く行われていた。

三十年式弾薬盒（前盒）

三十年式弾薬盒（前盒）

三十年式銃剣及び
剣差し（銃剣吊り革具）

雑嚢

昭五式水筒

三十年式弾薬盒（後盒）

着用している軍服は昭和13年制定の九八式冬衣（軍衣）。茶褐色のラシャ生地製で、両襟には階級章（星二つで「一等兵」）を縫い付けている。

ヘルメットは九〇式鉄帽。当初は「鉄兜」と称し兵器扱いであったが、昭和6年に被服扱いとなり「鉄帽」となった。クロームモリブデン鋼を鋼材とし、列強各国のヘルメットと比較しても高水準なものであった。イラストでは帽体に鉄帽覆いと偽装網を被せている。カーキ色木綿製の鉄帽覆いは内側に真綿が封入されており、日光により帽体が熱せられるのを防いでいる。通常、鉄帽は「戦帽」と呼ばれた略帽の上から着用された。

【表2】陸軍兵士の個人野戦装具の変遷一覧

	旧式装備（明治33年～）	昭和15年前後	昭和20年の終戦まで
軍服	・三八式軍衣袴 ・四五式軍衣袴 ・昭五式軍衣袴	・九八式軍衣袴	・九八式軍衣袴 ・三式軍衣袴 ・戦時服
帯革・剣差し	・明治30年制定の兵用帯革 ・剣差し（牛革製）	・圧搾ゴム引き綿布製の帯革 ・剣差し	戦時省略型が登場
銃剣	・三十式銃剣	・三十式銃剣 ・九九式銃剣	竹、木、ゴム製の鞘が登場
小銃用弾薬盒	・三十式弾薬盒	・三十式弾薬盒 ・九九式弾薬盒 ・圧搾ゴム引き綿布製の弾薬盒	圧縮紙製のものが登場
水筒	・明治30年制定のトックリ型水筒	・昭五式水筒	負紐の簡略化、水筒素材にゴムなどを使用
雑嚢	・昭和7年制定の旧型雑嚢	・昭和13年採用の雑嚢（旧型より容量が約1.5倍増加）	戦時省略型が登場
背嚢	・馬毛背嚢 ・昭五式背嚢	・九九式背嚢 ・軟式背嚢（試作だが前線での使用例有り）	戦時省略型（背負袋）のみの支給も
防毒面及び収納袋		・九五式被甲（嚢） ・九九式被甲（嚢）	戦時省略型が登場
飯盒	・明治31年制定の飯盒	・九二式飯盒	戦時省略型が登場
編上靴	・昭五式編上靴（牛革製）	・昭五式編上靴	豚革・馬革・鮫革製などの編上靴が登場

本体・蓋・掛子（中蓋）の3ピース式で、一度に米2食分4合を炊爨できる。

　昭和7年（1932年）に採用された九二式飯盒は、本体が外盒と内盒の二重になった4ピース式。一度に炊爨できる米の量を倍増した事で、3食分を一度に炊爨できる。これにより野営時の調理時間を短縮する事が可能だった。通常、背嚢に縛着して携行する。

●九九式背嚢

　予備弾薬や乾パン、缶詰といった携帯口糧、襦袢・袴下・軍足など予備の被服、その他各種手入具や日用品を収納し、外周にも各種装具を縛着して携行することができるバックパック。

　明治期に採用された通称「馬毛背嚢」（その名の通り防水のため周囲に馬の毛皮が貼られたもの）、その簡易型である昭五式背嚢（馬毛部分を防水幌布としたもの）に続き、昭和14年に採用されたのが九九式背嚢である。厚手の幌布製で、外周に16本もの紐が備わっており、これを用いて外套や飯盒などを縛着できた。この紐の多さから、俗に「タコ足背嚢」とも呼ばれた。

　負紐はショルダーストラップであると同時に装備用サスペンダーの役割も兼ねており、余った部分を帯革に巻きつけることで身体前部に着装した弾薬

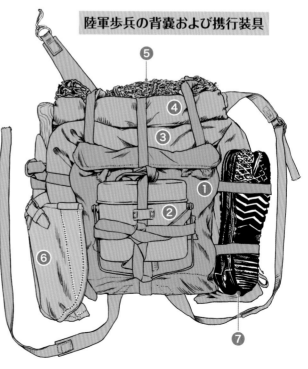

陸軍歩兵の背嚢および携行装具

❶ 背嚢
❷ 飯盒
❸ 外套（ウール製の防寒コート）
❹ 携帯天幕（個人用テント）
❺ 個人用偽装網（カモフラージュネット）
❻ 九八式小円匙
❼ 予備の軍靴（編上靴または地下足袋）

盒の重量を支えることができる。

　なお、九九式背嚢の採用当時、もう一種「軟式背嚢」「試製背嚢」と呼ばれる幌布製背嚢も製造された。制式採用は見送られたアイテムながら、特に大陸戦線において多数使用例が確認されている。

● 九五式／九九式防毒面及び収納袋
　陸軍ではガスマスクを「防毒面」または「被甲」、その収納袋を「防毒面収納袋」または「被甲嚢」と読んだ。通常、負紐を利用して左脇下に着装する。九五式、九九式防毒面はどちらも面体と吸収缶（キャニスター）をチュー

ブで連結している分離式で、装面時は吸収缶を保持するために収納袋を身体の正面に縛りつける必要があった。

　なお、被甲は制式には「被服甲」といい、将兵用のガスマスクを指す単語である。甲があるからには「被乙」、「被丙」も存在し、これらはそれぞれ軍馬用・軍犬用のガスマスクを指している。

　以上が日本陸軍兵士の基本的な野戦装具一式だ。

　もちろん、日本陸軍の展開した地域は極寒の大陸・ソ連満州国境から太平洋に点在する島嶼まで広範囲にわたり、戦域ごとに適した装具を携帯していた。陸軍の場合、特に熱地被服（南方用軍服）の研究には力を入れており、様々な興味深いアイテムが存在している。こちらはまた別の機会に紹介しよう。

背嚢と野戦装具の着装例（背面）

　装具着装の際は、まず雑嚢・水筒の負紐をタスキ掛けにし、その上に銃剣、弾薬盒を通した帯革を締め、最後に背嚢を背負う。その際、背嚢が背中の高い位置に密着するよう負紐をきつく絞るが、負紐の余った部分はそのまま弾薬盒（前蓋）の裏側に導かれ、前蓋の裏側で帯革に巻きつけ、もしくは一旦帯革の裏に通した上で左右の負紐を胸の前で結びつける。これにより背嚢の重量だけでなく両腰の前盒の重量も両肩で受けることになり、装具全体の重量を身体の前後にバランスよく振り分けることができる。いわば装備用サスペンダーの代わりであり、着用者の負担軽減の一助となっている。

　なお、イラストの水筒の着装位置は陸軍歩兵の例を示し、憲兵を含む乗馬本分者（騎兵や輜重兵など、乗馬が認められている兵士）の場合は水筒のみ右肩から左腰に掛けて携行する。海軍陸戦隊では逆に水筒を右腰、雑嚢を左腰に携行していた。

空軍将兵が着用した標準的ユニフォーム

　ここでは、第二次大戦期のドイツ空軍（Luftwaffe）将兵が着用した標準的な制服と、多くのエースパイロットたちが着用した航空機搭乗員用ユニフォームに焦点を当てて紹介しよう。

　ドイツ空軍の兵科は多岐に渡り、また陸海軍に比べ航空機搭乗員やパラシュート兵といった特殊な状況下で活動を行う兵種が多かったことから、それらに対応するための膨大な種類の特殊被服・装具類が制定されていた。しかしながら、兵種を問わず空軍すべての将兵に着用された勤務用制服としての標準的ユニフォームも存在した。

●トゥーフロック（Tuchrock）

　ドイツ空軍の標準的ユニフォームは大きく三つに分けられるが、まずは1935年の空軍創設以前から存在していたという「トゥーフロック」について見ていこう。「トゥーフロック」はドイツ語で「布製軍衣」を意味する。

　このブルーグレー色の軍服は本来、空軍の母体となったドイツ航空スポーツ協会が1933年11月に制定したユニフォームで、1935年3月のドイツ空軍の存在の公表と再軍備宣言に合わせてそのままドイツ空軍の勤務服として採用された。この際、徽章類も新たにドイツ空軍のものに付け替えられている。

　トゥーフロックのデザイン上の特徴は、ワイシャツおよびネクタイと合わせて着用する開襟スタイルである点で、これはドイツの軍服の歴史の中では初

めての試みだった（それまでの軍服は立ち襟だった）。そのため、一部の保守的な陸軍軍人からは「背広の軍隊」「平服の軍人」などと揶揄されることもあったと言われる。

　揃いのトラウザーズ（ズボン）は下士官／兵クラスは同色同素材のスラックス型、将校以上は乗馬パンツ型ないしスラックス型とされており、この点は陸軍と共通している。また4月1日から9月30日までの夏期には、白色で薄手生地製の制帽、トラウザーズ（将校はさらに同じ仕立てのサマージャケット）の着用も許可されていた。

●フリーガーブルーゼ（Fliegerbluse）

　空軍発足直後の1935年5月に採用されたのが、ドイツ語で「飛行用上衣」を意味する「フリーガーブルーゼ」だ。名前が示すとおり、こちらは本来、航空機搭乗用のユニフォームとしてデザインされたものであり、狭い機内における計器類への引っかかりを防ぐため、アウターポケット類が一切無い、五つの隠しボタン式前合わせの短ジャケットスタイルとなっていた。1940年には両腰にボタンで留めるフラップ付きの切れ込みポケットを備えた改良型（通称「40年型」）が登場し、以降、大戦の全期間を通じて着用された。

　この服は本来は飛行服でありながら、パイロット

下士官／兵用の
「トゥーフロック」
写真／NESTOF

ドイツ空軍 第2戦闘航空団「リヒトホーフェン」 飛行兵科 少佐

⑨ 将校用ベルト
二つ爪で閉鎖するオープンバックル式の茶革製ベルト。陸軍将校用として制定されたものと同型である。こちらは通常の勤務時に着用するもので、礼装時には楕円形バックル付きの礼装ベルトとなる。陸軍では後年黒革製のものが一般化したが、空軍においては終戦時まで（このベルトに限らず）茶革製装具類が広く使用されていた。

ドイツ空軍のパイロット資格章
写真／Grenadier Militaria

　イラストは1935年制定の「トゥーフロック」を着用した飛行兵科 少佐の軍装スタイリング。「トゥーフロック」は常勤服として地上勤務時に着用するものだが、この上に飛行服を着込んで出撃するパイロットも少なくなかった。トラウザーズは横に大きく膨らんだ乗馬パンツ型。これと黒革製ロングブーツの組み合わせが空軍将校の典型的スタイルであった。

❶ 将校用制帽
「シルムミュッツェ」（Schirmmütze）と呼ばれる制帽。イラストの将校用はクラウン部の周囲のパイピング、国家鷲章、柏葉付き国家帽章、チンコード（飾りの頦紐）の全てが銀色のアルミ糸モール製だが、下士官／兵用の制帽はパイピングに所属兵科色があしらわれ、徽章類はプレス成型されたアルミ製、チンコード（頦紐）は黒革製となっている。当時パイロットの間では制帽の芯を抜き、クラウン部の形をわざと崩して野戦帽として着用するスタイルが流行した。

❷ 肩章（飛行兵科 少佐）
将校用の場合、台布の色で兵科色を、アルミ糸製の打紐のデザインおよび星章の数で階級を表す。イラストは交差した打紐、星章章無しの組み合わせで少佐を示す。なお飛行兵科の兵科色であるゴールデンイエローは、陸軍では騎兵科の兵科色である。これはドイツ空軍がパイロットに「天駆ける騎兵」の意味を込めたからとされる。

❸ 襟章（飛行兵科 少佐）
肩章と同様に階級章と兵科章を兼ねる。台布の色が兵科色を、台布の上にあしらわれた羽根型徽章の数や柏葉のデザインが階級を表す。イラストは台布の色が飛行兵科の兵科色であるゴールデンイエロー、楕円形の柏葉に囲まれた羽根型徽章一つで少佐を示す。

❹ 空軍国家鷲章
鷲（アドラー）を象った徽章。ドイツ空軍の所属であることを示し、階級に関わらず着用する。陸海軍や武装親衛隊の国家鷲章と異なり、鷲の羽根が曲線でデザインされているのが特徴である。

❺ 二級鉄十字章リボン
勲章の中でも比較的下位のものは勲章本体ではなく付属のリボンを上衣前合わせのボタンホールに縫い付けることで示された。この佩用法は二級戦功（鉄）十字章、東部戦線従軍章などでも見受けられる。

❻ 袖章（部隊名アームバンド）
「カフタイトル」「アームバンド」とも呼ばれる帯状徽章。陸軍のものと同様に右袖口に着用する。名誉称号として固有の部隊名をもつ一部の航空団や降下猟兵部隊などに制定された。イラストは、第一次大戦時の撃墜王の名を冠した第2戦闘航空団「リヒトホーフェン」のもの。なお、同様の袖章でも一種の従軍記章として制定されたもの（アフリカ戦線従軍章、クレタ島降下作戦参加章など）は左袖口に着用する。

❼ 騎士鉄十字章
全軍における最上位クラスの勲章である。トゥーフロック着用の際は付属のリボンを使用してシャツの襟元に佩用する。この場合、黒ネクタイの着用は任意だったが、騎士鉄十字章を目立たせるためか、ネクタイの結び目部分に勲章を重ねて佩用した例が多く見られた。シャツは白色、もしくは淡いブルーのものを着用する。

❽ 各種勲章・戦功章・資格章・従軍章
これらは基本的に左胸ポケットフラップの上から左胸にかけて着用される。イラストの例は上から空軍作戦飛行章（短距離昼間戦闘機：金章）、略綬リボンバー、一級鉄十字章、空軍パイロット資格章である。このうち空軍作戦飛行章は前線における飛行任務に規定の回数従事した搭乗員に与えられるもので、機種ごとに異なるデザインが用意されており、また飛行回数によってそれぞれ金・銀・銅章のランクが設けられていた。

115

に限らずあらゆる空軍将兵によって勤務服として着用された。下士官／兵の通常軍装としての他、降下猟兵部隊や空軍野戦師団将兵の野戦服としても着用されている。また、シャツ＆ネクタイと組み合わせることでトゥーフロックに準じた礼装として扱われるなど、事実上、開戦以降の空軍将兵の標準的ユニフォームとなっていた。

下士官／兵用の
「フリーガーブルーゼ」
写真／fjm44

●ヴァッフェンロック（Waffenrock）

1938年11月、それ以前のトゥーフロックとフリーガーブルーゼを統合するものとして採用された新型ユニフォームが「ヴァッフェンロック」である。「ヴァッフェンロック」はドイツ語で「戦闘用軍衣」を意味する。一見、トゥーフロックと同じデザインに見えるが、前合わせのボタンは一つ多い5個で、トゥーフロックと同様に「開襟」、陸軍の野戦服に似た「詰襟」、どちらの状態でも着用できた。

ドイツ空軍は1939年以降、このヴァッフェンロックを勤務服・飛行服・野戦服を兼ねた空軍将兵の標準ユニフォームとし、トゥーフロックとフリーガーブルーゼを順次廃止していくことを計画していた。

しかしこれは実現せず、終戦まで上記の三つのユニフォームが並行して着用されることとなった。

下士官／兵用の
「ヴァッフェンロック」
写真／
Militaria Reisig

航空機搭乗員用の飛行服＆飛行装具

空軍将兵共通のユニフォームとは別に、パイロットをはじめとする航空機搭乗員には専用の飛行服や飛行装具が用意されていた。それには飛行帽からブーツ、パラシュート用ハーネス、救命胴衣に至るまで様々なものが含まれるが、それらの基本となるユニフォームが各種の飛行服であった。

●ワンピース式カバーオール

空軍創設時からの飛行服としては、ワンピース式のカバーオール（飛行用つなぎ服）がある。これにはカーキ色布製の夏季用、カーキ色およびダークブルー色で裏地毛皮張りが施された布製の冬季用、裏地毛皮張り革製の冬季洋上飛行用、電熱服などのバリエーションがあり、通常フリーガーブルーゼやトゥーフロックといった勤務服の上から着用された。

冬季用の
ワンピース式
カバーオール
写真／IMA

このワンピース式カバーオールはその多くが左右非対称のデザインとなっており、着脱しやすいよう右肩から左太腿にかけて斜めに配されたジッパーや、負傷時などに迅速に脱がせるための緊急脱衣システムの採用など、非常に凝った造りとなっていた。

●ツーピース式飛行服（海峡スーツ）

開戦後には、ジャケットと揃いのトラウザーズから成るツーピース式の飛行服が登場した。これは対英侵攻作戦にちなんで「海峡スーツ」（Channel Suit）とも呼ばれる。

このツーピース式飛行服も、ブルーグレー色布製の夏季用、裏地毛皮張りが施されたブルーグレー色布製及び茶・黒革製の冬季用、サンドイエロー色布製の熱帯地用、電熱線が仕込まれた冬季洋上飛行用など様々なバリエーションが存在し、大戦全般を通

じてパイロット、とくに単座戦闘機のパイロットに好まれて着用された。

　比較的シンプルなデザインのジャケットに対し、トラウザーズには様々なサバイバル用品を携行するための多数のポケットが備わっている。

襟にボアがついた冬季用ツーピース式飛行服（海峡スーツ）
写真／Axis Militaria

私物のフライトジャケットも着用

　以上、大別して「ワンピース式カバーオール」と「ツーピース式飛行服」の二つがドイツ空軍の標準的な飛行服であったが、実際には、これら以外にも数多くの被服が飛行服として着用されていた。その中でも特筆すべきアイテムとして、私物の革製フラ

ドイツ空軍
第54戦闘航空団「グリュンヘルツ」
飛行兵科 曹長

　イラストは夏の欧州戦線における戦闘機パイロットの典型的スタイルの一例。上下揃いのブルーグレー色のツーピース式飛行服を着込み、革製の飛行用ブーツを履いている。出撃の際はこの装備の上からパラシュート用ハーネスを身につけ、帽子を飛行帽に替えて愛機へと向かうことになる。

❶ 43年型規格野戦帽（下士官／兵用）
つば付きのウール製野戦帽で、1943年に陸海空および武装親衛隊四軍の統一規格としてデザインされたもの。それまでの「シフフェン」（Schiffchen）と呼ばれたつば無し舟形略帽に代わるものとして、航空機搭乗時以外のあらゆる場面で広く着用された。正面には空軍鷲章と円形の国家徽章が縫い付けられている。将校用のものには帽体上部の縁に銀色のパイピングが施される。

❷ ツーピース式飛行服ジャケット（夏季用）
コットン製のジャンパー型フライトジャケットで、トラウザーズと揃いでツーピース式飛行服（通称「海峡スーツ」）を構成する。イラストの他にもバリエーションは多いが、総じて左胸に縦スリット式の切れ込みポケットを備えたシンプルなデザインであった。右胸には空軍国家鷲章、左胸には布刺繍製の一級鉄十字章（上）および空軍パイロット資格章（下）が縫い付けられている。引っかかりを防ぐため、飛行服やフリーガーブルーゼには通常の金属製ではなく布製の勲章・徽章類が用いられることが多かった。

❸「曹長」階級章
布製の階級章で、飛行服の両袖上腕部に縫い付けられる。下士官（伍長）以上の階級に制定されており、図案化された線・横線・星章などの組み合わせで階級を示す。通常の肩章ではパラシュートハーネスなどの装具と干渉してしまうために採用されたものだが、従来通りの肩章を着用したパイロットの例も多い。

❹ 下士官／兵用ベルト
陸軍や武装親衛隊の下士官／兵が野戦において着用したベルトと同一だが、バックルのデザインは空軍独自のものになっている。なお、イラストでは左腰にAK39型方位磁針（コンパス）を取り付けている。

❺ ツーピース式飛行服トラウザーズ（夏季用）
シンプルなデザインのジャケットに対し、こちらは多数のポケットが備わった凝った造りとなっている。各ポケットには信号拳銃および信号弾、護身用拳銃、ナイフ、簡易医療バック、救難用ライト、ダイマーカー（海面の着色剤）、救難信号機といったサバイバル用品一式を収納できる。ジャケットと同様に、防寒用の革製タイプやカーキ色布製の熱帯地用タイプなどのバリエーションが存在する。

❻ 航空機搭乗員用ブーツ
革製のブーツ。寒さから足を守るための内側の毛皮張り、着脱を容易にするためのジッパー、パラシュート降下時の脱落防止のための調整ストラップなどが特徴である。

イトジャケットが挙げられる。

　ツーピース式飛行服が採用される以前から、一部の戦闘機パイロットたちは私費で購入、もしくは部隊単位で調達したフライトジャケットを愛用していた。それらは、当時の市販の革製ライダースジャケットに軍の階級章類を縫い付けただけのものが大半だったが、そのスタイルの良さからパイロットたちに人気があった。

　と同時に、パイロットの特権と言うべきか、規定の飛行服すら身につけず半袖・半ズボン姿のまま操縦席に収まったパイロットの例や、どのようにして入手したのか敵である米英軍パイロットのフライトジャケットにドイツ軍の徽章を取り付けて着用した例など、規律に厳格なドイツ軍のイメージからはかけ離れた、ユニークなスタイルが半ば黙認されていた。

1942年4月に制定された空軍独自の熱帯地向け制帽、通称「ヘルマン・マイヤー帽」。鉢巻きの後ろ側に首の日焼けを防ぐための布を取り付けることができた
写真／emdals

コットン製、サンドイエロー色の熱帯地用制服のジャケット（上）。「ヴァッフェンロック」に似たデザインであったが、腰ポケットのプリーツが無い、前合わせはボタンが一つ多い6個、襟章は付けない、などの違いが見られた。下はトラウザーズ型の熱帯地用パンツで、裾を紐で絞れるようになっていた。また写真では見えないが、左太腿の前面にフラップ付きの大きな貼り付けポケットが備わっていた
写真／IMA

ドイツ空軍
第27戦闘航空団「アフリカ」
飛行兵科 大尉

イラストは北アフリカ戦線に展開したドイツ空軍戦闘機パイロットの軍装スタイリング。

❶ 将校用制帽（夏季用）
前掲のイラストにもあった将校用制帽「シルムミュッツェ」の夏用モデルで、クラウン部が白色のコットン生地で製造されていた。この他、熱帯地向けのヘッドギアとしては俗に「ヘルマン・マイヤー帽」と呼ばれる制帽や各種の略帽が存在した。これらはすべてサンドイエロー色の生地で製造された。

❷ 防暑シャツ
空軍独自の熱帯地向けシャツ。一般にドイツ軍のシャツはプルオーバー（被り）型が一般的だが、こちらは前合わせがすべて開くワイシャツ型である。両肩に階級章、襟元に騎士鉄十字章、左胸ポケットに空軍パイロット資格章を取り付けている。

❸ 防暑ハーフパンツ
ドイツ空軍の熱帯地用パンツにはトラウザーズ型とイラストのハーフパンツ型が存在した。いずれもサンドイエロー色のコットン生地製。ハーフパンツは腰回りから裾に向かうにつれ広がっていくデザインで、通気が良い。腰回りにはプリーツが、腰の左右には切れ込みポケットが備わっていた。

縄張り意識が生んだ空軍の地上部隊

ここでは、ドイツ空軍の地上戦闘部隊の成り立ちと軍装について解説しよう。

前項のコラムにも書いたとおり、第二次大戦期のドイツ空軍は飛行兵科以外にもじつに様々な戦闘兵科を有していた。部隊としては、降下猟兵（空挺）部隊や対空砲兵部隊はもちろん、戦車部隊まであった。

この他国の空軍に類を見ない特異な編制は、空軍最高司令官ヘルマン・ゲーリング元帥のセクショナリズム（縄張り意識）の表れ、エリート戦闘集団 武装親衛隊を擁するSS長官ハインリヒ・ヒムラーへの対抗心、自らの「親衛隊」「私兵」の所有欲から生み出されたものとも言える。

ドイツ空軍の地上戦闘部隊は、それぞれが様々な経緯から編成されていた。当初から精鋭として編成されたグループもあれば、戦局により流動的に地上戦闘部隊とならざるを得なかった、いわば寄せ集め的なグループも存在し、全てを一括りにして解説することはできない。そこで今回は、空軍管轄の地上戦闘部隊として編成されたグループを三つに大別し、それぞれの成り立ちを簡単に解説していこう。

降下猟兵師団の成り立ちと戦歴

まずは空挺部隊である「降下猟兵」（Fallschrmjä-ger）から。

ドイツ軍初の空挺部隊は、空軍総司令官であったヘルマン・ゲーリングによって1936年に編成された。このおよそ600名から成るパラシュート小銃兵大隊は、元はといえば後述する「ゼネラル・ゲーリング」連隊（後のヘルマン・ゲーリング師団）の第1大隊という位置付けであり、さらにゼネラル・ゲーリング連隊自体は、1935年に空軍に移管される以前はゲーリング元帥が指揮権を握っていたプロイセン州警察の機動隊グループ（ウェック警察大隊）であったりと、その成り立ちは少々複雑になっていた。

1938年6月には、新設されたドイツ軍初の空挺師団である第7航空師団（後の第1降下猟兵師団）の基幹部隊、第1降下猟兵連隊第1大隊となるべくゼネラル・ゲーリング連隊隷下から独立し、名実ともに降下猟兵部隊となった。

一方で1937年、空軍とは別に陸軍が「パラシュート歩兵」中隊を、親衛隊が小隊規模の空挺部隊をそれぞれ独自に編成している。

しかし、ゲーリング元帥は占有欲からか、1939年1月に大隊規模にまで拡大していた「パラシュート歩兵」大隊を半ば強引に陸軍から引き抜き、先の空軍第7航空師団第1降下猟兵連隊の第2大隊として空軍に編入する。こうして同師団は空軍兵士と元陸軍兵士による混成空挺部隊となった。

第二次大戦の開戦翌年の1940年4月～5月、第7航空師団はノルウェー、デンマーク、オランダ、ベルギーへの空挺作戦で華々しい戦果をあげ、「電撃戦」におけるドイツ軍の快進撃を支えた。

しかし、1941年5月のクレタ島攻略作戦では、作戦の決行時期を連合軍にある程度予測されていたこともあって、投入された降下猟兵のじつに1/4が戦死するという大損害を被ってしまう。

その損害の大きさに衝撃を受けたドイツ軍上層部は、これ以降、大規模な空挺作戦の実施に消極的となり、その結果、降下猟兵部隊は「錬度の高い精鋭地上戦闘部隊として各戦線に投入されることとなった。

なお、1941年以降は大規模な空挺作戦は行われなかったものの、降下猟兵部隊の新設と兵員の育成は続けられた。1943年に第7航空師団が第1降下猟兵師団として再編されたのを皮切りに、最終的に11個師団が編成された。

「ヘルマン・ゲーリング」師団の成り立ちと戦歴

やはりドイツ空軍の精鋭地上戦闘部隊として知られる「ヘルマン・ゲーリング」師団は、元は警察組織を母体としていた。そして母体となる部隊の空軍への移管後は、ゲーリングの肝煎りで着々と拡充が図られていった。

「ゼネラル・ゲーリング」連隊は1942年3月には旅団規模に、同年10月には師団編制となった。「ゼネラル・ゲーリング」師団は北アフリカ戦線に投入され

たが、同地での激戦を経てチュニジアでいったん解体、1943年6月に「ヘルマン・ゲーリング」師団として再編された。

「ヘルマン・ゲーリング」師団はイタリア戦線から東部戦線にかけて投入され、空軍地上部隊の中でも際立った戦果をあげつつ、さらに部隊の規模を拡大。1944年10月には降下装甲師団および降下装甲擲弾兵師団各1個を隷下に置く「ヘルマン・ゲーリング」降下装甲兵団を編成し、1945年の終戦まで戦闘を続けた。

空軍野戦師団の成り立ちと戦歴

1942年、慢性的な陸軍の兵員不足を補うため、空軍および海軍の余剰人員を陸軍に編入させる計画が持ち上がった。しかし、手駒を手放したくないゲーリング元帥はこれに反対。あくまで空軍の管轄内で地上戦部隊を編成すると主張して誕生したのが「空軍野戦師団」である。

しかしその多くは、対空

ドイツ空軍のパラシュート
降下徽章
写真／Grenadier Militaria

砲兵や航空基地の警備兵、通信施設や航空機整備の余剰人員などに旧式の装備と簡単な訓練を施しただけの即席歩兵であり、指揮官も野戦における経験が不足していた。

空軍野戦師団はゲーリングの命により1942年9月から1943年3月にかけて計21個師団が編成されたが、前線での損耗が激しく、結局、1943年末に多くの兵員が部隊ごと陸軍へ移管された。その後も壊滅や解散が相次ぎ、終戦時に師団としての体裁を保っていたのはわずか4個師団のみという状態だっ

た。ある意味、ゲーリングの面子のために苦境に立たされた部隊ともいえるだろう。

地上戦闘部隊のユニフォーム概説

最後に、地上戦闘部隊のユニフォームについて本文でも簡単に説明しておこう。

降下猟兵や「ヘルマン・ゲーリング」師団の戦車兵といった特殊な兵科についてはイラストの解説をご覧いただくとして、一般的な空軍野戦師団の将兵は、前項で紹介した「フリーガーブルーゼ」や「トゥーフロック」をそのまま野戦服として着用していた。

しかし、ブルーグレーのユニフォームは明らかに野戦には不向きで、それを覆うために空軍独自の地上部隊用迷彩スモックが支給される。このスモックを着用する場合、徽章類は所属する部隊・兵科のものがそのまま着用し続けられた。

ヘルメットや水筒などの装具類は陸軍のものと同一の形状で、色はブルーグレーのものが制定されていたが、大戦後半には陸軍のグリーングレー系装具との混用も広く行われた。

ドイツ空軍 第1降下猟兵連隊 降下猟兵科 曹長

イラストの曹長が着用しているのは下士官／兵用の「フリーガーブルーゼ」（1940年型）。「フリーガーブルーゼ」は本来は航空機搭乗員用の通常軍装として制定されたが、実際には大戦の全期間を通じて降下猟兵を含む多くの空軍地上部隊によって勤務服、野戦服として着用された。パラシュート降下時はこの上に風と降下時の事故を防ぐための「空挺スモック」を着用する。

❶ 襟章（降下猟兵科 曹長）
ドイツ空軍が採用した平行四辺形型の襟章は、陸軍の伝統的なデザインの襟章（Doppellitzen：ドッペリッツェン）と異なり、それ単体で階級章兼兵科章として成立している。ベースの色で所属兵科を示し、襟章の上にあしらわれた「ガル」と呼ばれる羽根型徽章の数や柏葉のデザインで階級を示す。また下士官の場合は、襟章の他に「トレッセ」（Tresse）と呼ばれるシルバーグレー色の織布テープを襟の周囲に縫い付ける。イラストの例では、ベース色のゴールデンイエローが降下猟兵科および飛行兵科を、ガル三つの襟章とトレッセが曹長の階級を示している。

❷ 肩章（降下猟兵科 曹長）
空軍将兵の肩章は、基本的に陸軍や武装親衛隊が採用したものと同一のシステムを採用している。肩章の周りのパイピングの色で所属兵科を示し、肩章そのもののデザインで階級を示す（兵卒クラスの場合は同一の肩章を着用し、階級は左上腕部に縫い付けた袖章で判読する）。

❸ 空軍国家鷲章
鷲（アドラー）を象った徽章。ドイツ空軍の所属であることを示し、階級に関わらず着用する。陸海軍や武装親衛隊の国家鷲章と異なり、鷲の羽根が曲線でデザインされているのが特徴である。当初、下士官／兵用のフリーガーブルーゼに国家鷲章は縫い付けられなかったが、1940年10月に着用が規定された。

❹ 袖章（部隊名徽章）
「カフタイトル」「アームバンド」とも呼ばれる帯状徽章。陸軍のものと同様に右袖口に着用する。名誉称号として固有の部隊名をもつ一部の航空団や降下猟兵部隊などに制定された。イラストは、第1降下猟兵連隊のもの。将校の場合は刺繍された文字の上下に銀の縁取りがつく。なお、同様の袖章でも一種の従軍記章として制定されたもの（アフリカ戦線従軍章、クレタ島降下作戦参加章など）は左袖口に着用する。

❺ 二級鉄十字章リボン
勲章の中でも比較的下位のものは勲章本体ではなく付属のリボンを上衣前合わせのボタンホールに縫い付けることで示された。この佩用法は二級戦功十字章、東部戦線従軍章などで見受けられる。通常の軍服では第2ボタンホール（開襟服の場合は第1ボタンホール）に通して縫い付けるのが慣例だが、フリーガーブルーゼの場合は前合わせが隠しボタンとなっているため、"いかにもボタンホールに通したように"リボンを成型して縫い付けられた。

❻ 各種勲章・戦功章・資格章・従軍章
これらは基本的に左胸ポケットフラップの上から左胸にかけて着用される。イラストの例は金属製の一級鉄十字章（上）とパラシュート降下徽章（下）。このうちパラシュート降下徽章は6回のパラシュート降下経験と各種の試験に合格したものに授与される徽章。戦前にはデザインの異なる「陸軍型」も存在したが、陸軍空挺部隊の空軍への編入に伴い1939年に廃止された。

❼ 空挺ブーツ
第二次大戦初期に支給された降下猟兵用のブーツで、編み上げ部がブーツの側面（外側）にあるのが特徴。1941年からは後継のⅡ型空挺ブーツの支給が開始され、順次代替されていった。

ドイツ空軍
降下装甲師団「ヘルマン・ゲーリング」
装甲兵科 少尉

　イラストは1944年末における降下装甲師団「ヘルマン・ゲーリング」所属の戦車搭乗員。「ヘルマン・ゲーリング」師団とも呼ばれる同師団は、ヘルマン・ゲーリング元帥の肝煎りの下、潤沢な装備の支給を受けており、第二次大戦後半には強力なV号戦車パンターなども保有していた。

❶ 将校用制帽
「シルムミュッツェ」(Schirmmütze)と呼ばれる制帽。イラストの将校用はクラウン部の周囲のパイピング、国家鷲章、柏葉付き国家帽章、チンコード(飾りの顎紐)の全てが銀色のアルミ糸モール製である。

❷ 肩章(装甲兵科 少尉)
階級は少尉のもの。肩章の周囲の兵科色パイピングは装甲兵科を示すローズピンクだが、1943年4月以前は「ヘルマン・ゲーリング」部隊所属の将兵は全兵科共通の白いパイピングの肩章を着用していた(代わりに襟章の周囲に兵科色パイピングが施されていた)。

❸ 襟章(装甲兵科 少尉)
空軍型の平行四辺形の台布に陸軍型の金属製髑髏(どくろ)徽章を取り付けたもの。台布の色は「ヘルマン・ゲーリング」部隊所属を示す白。これ以前には襟章の周囲に兵科色パイピングが入ったもの、黒い陸軍戦車兵用の襟章なども着用された(襟章の兵科色パイピングは1943年6月に廃止)。また一時期、襟章そのものを着用不可とする命令が下された際には、襟章の台布を外して金属製ドクロ徽章を襟に直接取り付けるといった変則的な着用法もなされた。

❹ 戦車搭乗服
同師団の戦車兵は陸軍型の黒い戦車搭乗服を着用したが、ジャケットに着用する徽章類やヘッドギアは空軍独自のものを用いた。また、右胸の国家鷲章は空軍用のものに付け替えられている。

❺ 袖章(部隊名徽章)
右袖口の袖章は同師団所属の将兵が着用したもので、"HERMAN GÖRING"の文字が刺繍(ししゅう)されている。これ以前には旧部隊名である"GENERAL GÖRING"の袖章も存在した。将校用は上下端にシルバーの縁取りがある。

❻ 各種勲章・戦功章
一級鉄十字章の左下の楕円形の徽章は、1944年制定の空軍戦車突撃章。陸軍の戦車突撃章と同様に3回の戦闘に参加した者に与えられる徽章で、デザインは陸軍のものと若干異なっていた。銀章と黒章が存在し、銀章は戦車搭乗員、黒章は装甲擲弾兵および戦車以外の装甲車両の搭乗員が対象となっていた。イラストではこの他、開襟にした左襟の第1ボタンホールに二級鉄十字章リボンを、その下に略綬略綬リボンバーを取り付けている。

ドイツ空軍の戦車突撃章
写真／Hessen Antique

　戦車搭乗員以外の「ヘルマン・ゲーリング」師団将兵は、通常、襟章と肩章に白い兵科色をあしらったフリーガーブルーゼを野戦服として着用した。さらに空軍地上部隊用スモックの他に武装親衛隊のプルオーバー式迷彩スモックや陸軍のウォーターパターン・スナイパースモックなども相当数が支給されており、空軍最精鋭部隊として一般の空軍野戦師団将兵とは一線を画した装備の充実ぶりであった。

ドイツ空軍
第1降下猟兵師団
降下猟兵科 短機関銃手

　イラストは大戦中期以降の空軍降下猟兵の典型的な軍装スタイリング。携帯火器はMP40短機関銃とP38自動拳銃。当初、降下猟兵は護身用の拳銃のみを携行して降下し、小火器・弾薬類はコンテナに詰めて兵員とは別に投下していた。しかし、大損害を受けた1941年5月のクレタ島攻略作戦以降は、各員が携帯火器と弾薬を身につけて降下することになる。空軍が独自に開発した降下猟兵用自動小銃FG42も、やはり携行したまま降下することを前提に開発された。

❶ 38年型空挺ヘルメット
降下猟兵科の将兵に支給された特別なヘルメット。パラシュート降下時の吊索への引っかかりや強風を受けての事故を防ぐため、鍔（つば）の張り出し部が最低限に抑えられているのが特徴である。顎紐（あごひも）は首の後ろにもストラップが回り込む三点式で、着用時のズレを防止している。前線においては空軍型スプリンター（破片）迷彩生地製のヘルメットカバーやカモフラージュネットを被せて使用された例も多く見られる。

❷ 空挺スモック（Ⅲ型）
1942年から支給が開始された降下猟兵用の迷彩スモック。通称Ⅲ型と呼ばれる。陸軍のものよりも迷彩パターンが細かい空軍独自のスプリンター（破片）迷彩生地で仕立てられている。クレタ島攻略作戦での戦訓を取り入れ、Ⅰ型、Ⅱ型スモックの着脱しづらい原因の一つであった履き込み式の脚部を改め、コート状の裾をスナップボタンで太腿に巻き付けるだけの単純な仕立てとなった。よって降下時のみ裾を絞り、降下後は裾のスナップボタンを開放して足の動きを妨げないよう着用することも可能。両肩・両腰の計4か所にフラップで隠されたジッパー留めの切れ込みポケットが備わっている。このタイプは空軍型スプリンター迷彩、もしくはウォーターパターン迷彩生地で製作されていた。右胸には空軍の国家鷲章、袖には飛行服用の階級章（兵クラスは制服用の袖章）が縫い付けられた。

❸ 個人携行装備
革製の装備ベルト、右腰のMP38/40短機関銃用の弾倉パウチ、左腰のP38自動拳銃用ホルスターなどは陸軍と共通。金属製のベルトバックルは空軍下士官・兵用のもの。空軍の装備サスペンダーは一般に「軽量型サスペンダー」と呼ばれ、背面に背嚢（はいのう）を連結できる陸軍の重装用サスペンダーに比べ単純な作りである。なお空軍の場合は革製装備は黒色と茶色のものが混在して使用されていた。
　イラストでは描かれていないが、装備ベルト背面には雑納・水筒・飯盒などの装備類を吊り下げられる。これらは基本的に陸軍のものと同型であるが、空軍用としてブルーグレー色のものが支給されていた。ガスマスクは一般的な円筒状の金属コンテナには収納されず、縦長の布製ガスマスクバッグに入れて携行された。

❹ 空挺トラウザーズ
一般に空軍兵士はフリーガーブルーゼやトゥーフロックと揃いのブルーグレー色ストレートタイプのトラウザーズを着用したが、降下猟兵にはそれとは別に特別なフィールドグレー色のウール製空挺トラウザーズが支給された。右太腿の側面にはパラシュートの吊索を切断するためのナイフを収納するポケット、腰には包帯を収納するためのポケットなどが設けられている。また、膝の側面の縫い合わせは一部スナップ留めとなっており、トラウザーズの下に着用した膝パッドをそのまま引き抜くことができた。裾は空挺ブーツに合わせて絞られた仕立てになっている。

❺ 空挺ブーツ
イラストは1941年から支給が開始されたⅡ型空挺ブーツ。黒革製で、靴底は輸送機の機内で滑らないようにゴム製となっていた。それ以前は編み上げ部がブーツの側面にあるⅠ型空挺ブーツが着用されていた。

38年型空挺ヘルメット
写真／IMA

フィールドグレー色の
空挺トラウザーズ
写真／All Express

地上部隊用スモック

　地上部隊用スモックは、空軍野戦師団の編成に合わせて開発された空軍型スプリンターパターンの迷彩スモックで、大戦中期以降、空軍の地上部隊将兵によって広く着用された。そのデザインは陸軍や武装親衛隊の迷彩スモックと異なりハーフコート型である。一見、空挺スモックにも似たシルエットだが、通常のボタン留めの前合わせや裾ポケットフラップなど、作りは簡素化されている。両肩には通常のブルーグレー色の制服用肩章を取り付けることができる。

地上部隊用スモック

遊撃兵としての性格が強かった猟兵

ここでは、ドイツ軍の山岳猟兵の成り立ちと軍装について紹介しよう。

そもそも「山岳猟兵」とはドイツやオーストリアにおける山岳兵の呼び名で、ドイツ語表記 "Gebirgsjäger"（発音はゲビルヒス・イェーガー）の前の半分 "Gebirgs" は山を、後ろの半分 "Jäger" は猟兵を意味する。

「猟兵」は日本では聞き慣れない用語だが、ドイツにおいてはプロイセン王国の時代（1701年〜）からある兵科（種）だ。マスケット銃を持って集団で行動する戦列歩兵とは別に、個々人の判断で行動する一種の遊撃兵で、マスケット銃よりも射程と命中精度に優れるライフル銃を持つことが許されていた。そのライフルで狙う主な"獲物"は、敵の指揮官クラスの将校や味方の戦列歩兵にとって脅威となる砲兵。彼らを斃すことによって、味方の戦列歩兵を間接的に支援し、敵軍の士気を挫いた。

また猟兵は、狙撃のほかに偵察、敵軍の後方攪乱、そして山岳戦にも長けていた。この山岳戦の部分に重点をおいて独立した兵科としたのが、のちの山岳猟兵である。山岳猟兵の系譜は今日のドイツ連邦軍にまで連綿と続いているが、ここで取り上げるのは、第二次大戦期のドイツ国防軍の山岳猟兵だ。

山岳戦専門の部隊の成り立ちと戦歴

山岳地帯は古来から、天然の障壁として戦いに大きな影響を及ぼしてきた。まずもって地形が険しいため、大部隊による移動が困難になる。兵士が携行する、または身につける装備には防寒服や登山装備が含まれるため、重量がかさみ、使い方にも習熟する必要がある。とくにスキーやロープを使った雪上移動、登攀技術は重要だ。また高地は空気が薄いので、体力をより多く消耗する。ゆえに、兵士は頑健でなければならない。

道路が整備されておらず、天候も急変しやすいので、現代においても車両やヘリコプターでの移動、砲などの重装備の運搬は制限される。さらに砲を運べたとしても、斜面での射撃は平地での射撃とは要領が異なるので、適宜修正を加える必要がある。

こうした理由から、国土や国境に山岳地帯を有するヨーロッパの国々では、軍のなかに地元出身の兵士を中心とした山岳戦専門の部隊を編成するようになった。ドイツやオーストリアの山岳猟兵、フランスのアルペン猟兵、イタリアのアルピーニがそれである。

近代ドイツにおける山岳戦部隊の歴史は、第一次大戦中の1915年に編成されたアルプス軍団に始まる。スイスやオーストリアと国境を接するバイエルン州やヴュルテンベルク州の出身者を中心に編成されたこの軍団は、北イタリアでめざましい戦いぶりを見せた。

特に1917年10月のカポレットの戦いでは、のちに「砂漠の狐」として勇名を馳せることになるエルヴィン・ロンメル中尉が大きな勲功をあげ、最高位勲章であるプール・ル・メリット勲章を授与されている。ロンメルはヴュルテンベルク出身で、当時はアルプス軍団隷下のヴュルテンベルク山岳兵大隊第1中隊長であった。

ドイツは第一次大戦で敗れたため、アルプス軍団も解体されたが、政権を掌握したナチスが1935年に再軍備を宣言すると、国防軍内に再び山岳戦専門の部隊が編成されることになった。1935年の第1山岳師団を皮切りに、1940年まで計11個（第1〜第9、第157、第188）の山岳師団が相次いで新編され、さらに武装親衛隊でも6個SS山岳師団と1個SS山岳旅団が編成された。なかでも、最初に編成された第1山岳師団は将兵の錬度が高く、国防軍（陸軍）内でも精鋭部隊の一つと見なされていた。

山岳猟兵の大型リュックサック。下部に横長の大ポケット、左右に小ポケットがあり、すぐに取り出したいものはここに入れておくことができる
写真／fjm44

124

ドイツ国防軍陸軍 第1山岳師団の兵士①

イラストは、1936年型チュニックの上に、山岳猟兵に支給されたヴィントヤッケ（Windjacke：防風ジャケット）を着用し、大型リュックサックを背負った兵士。

ヴィントヤッケは厚手のコットン生地で製造された防寒服で、前合わせは縦に5個のボタンが2列に並んだダブル。通常はイラストのように一番上のボタンを外して開襟にして着用するが、必要に応じて一番上も留め、襟元から風や寒気が入り込まないようにする。腹部の左右にハの字型に切れ込みポケットの開口部があり、その下の腰の左右にも貼り付けポケットがあった。袖口は共生地のタブとボタンで調節できる。両肩には階級章を兼ねた肩章がついている（イラストは兵卒）が、この肩章の縁の部分は兵科ごとに色が違っており（兵科色）、山岳猟兵は緑色だった。ちなみに歩兵は白、砲兵は赤、戦車兵はローズピンク、工兵は黒である。

頭に被っているのは1930年型山岳帽で、左側面の折り返し部分にはエーデルワイスを象った金属製徽章がついている。本文でも触れたが、エーデルワイスは山岳猟兵のシンボルであり、彼らはこの徽章をつけて戦うことに誇りをもっていた。

天蓋（クラウン）の周りには山岳ゴーグルをつけている。アイカップは鉄製で、上と下の面に曇り止め兼軽量化のための肉抜き孔が空いているのが特徴。レンズ面の色はサングラスのような黒、ブリッジとベルト、アイカップの縁の顔に当たる部分は革製だった。

背負っているのは、山岳猟兵用の大型リュックサック。丈夫なキャンバス製で、一般歩兵の背嚢よりも容量が3割ほど大きかった。このリュックサックのショルダーストラップは、個人装備携行用のサスペンダーと同様に、フックを介して腰の装備ベルトに連結できる（リュックサック自体にも革製の細い腰ベルトが付いている）。イラストでは向かって右側のショルダーストラップにMP40短機関銃用の三連弾倉パウチを装着している。

M30山岳帽

エーデルワイス章
（金属製帽章）

山岳ゴーグル

肩章
（緑の兵科色は
「緑」）

大型
リュックサック

MP40短機関銃用
三連弾倉パウチ

ハーケン

ヴィントヤッケ
（防風ジャケット）

装備ベルト

アイスハンマー

MP40
短機関銃

山岳ズボン

第二次大戦において、これら山岳師団の山岳猟兵たちは、ナルヴィク攻略戦やギリシャ戦、クレタ島降下作戦などで激しい損害を被りながらも勇戦した。また東部戦線では、カフカスの油田地帯を狙った攻勢「ブラウ」作戦の先鋒を担い、作戦の過程でコーカサス山脈の最高峰エルブルス山（標高5,642m）への登頂を果たしている。

しかし、大戦後半の1943年以降は、山岳戦の専門部隊としての活躍の場が急速に減ってゆき、主に軽歩兵部隊として運用され、終戦を迎えた。

機能的でデザインも良いスタイリング

ここからは、山岳猟兵の軍装スタイリングについて解説していこう。

前記したとおり、防寒のための被服や各種の登山装備が充実しているのが特徴で、とくに防寒服は機能的でデザインも洗練されており、現代でも十分に通用するアイテムだ。海外ではレプリカ（複製品）も販売されており、軍装ファンの間で人気がある。

●基本のスタイリング

ドイツ国防軍では、山岳猟兵は陸軍の兵科の一つなので、通常勤務服（兼野戦服）は一般歩兵のものと同じウール製の1936年型チュニック（※1）を着用。なお、この通常勤務服は戦中、生産性向上のため各部の仕立てを簡略化するモディファイが段階的になされたため、コレクターの間では、生産年ごとに40年型、42年型…と便宜上の名称を付与されて分類されている。

トラウザーズは、一般歩兵のものと異なる専用のゆったりと仕立ての山岳ズボンが支給された。生地はウール。裾を紐でギュッと絞れるようになっているのと、ザイル（ロープ）を使って登攀または懸垂下降する際に擦れて破れてしまわないよう、股とお尻の部分が厚手の生地で補強されているのが特徴だ。

フットギアは茶革の登山ブーツで、二重になった厚手の靴底に滑り止め用の鉄製の鋲が打たれ、周囲にはスキー板やアイゼンを装着するための金具が付いている。山岳ズボンの裾と登山ブーツの上部は、幅約8cmの巻きゲートルで覆って脛を保護した。

ヘッドギアは、1930年代半ばに採用されたウール製の山岳帽を被る。前側に日差しから目を守るための鍔が付いており、クラウンの周りには折り返しの

部分がある。この折り返しは、必要に応じて下ろして耳当てにすることができる。なお、この山岳帽は外見が1943年に採用された規格野戦帽に似ているが、実はそのデザインの原型になったのがこの山岳帽である。ただし、使われているウール生地は、規格野戦帽よりずっと上質のものだ。

山岳帽の左側面には、エーデルワイスの花を象った金属製の徽章が付く。エーデルワイスは山岳猟兵のシンボルで、通常勤務服の右袖にも、楕円形の黒の台布に白糸で刺繍されたエーデルワイスの徽章をつける。

●防寒服

このほか山岳猟兵に特有の防寒服として、125ページのイラストに描かれている「ヴィントヤッケ」（防風ジャケット）や、127ページのイラストに描かれているプルオーバー式アノラックが支給され、チュニックの上から着用された（詳しくはイラストの解説を参照）。

大型リュックを背負いスキーも駆使

山岳猟兵は、一般歩兵よりも携行装備が多く、補給なしで移動する期間が長いといった理由から、通常の背嚢よりも容量が大きいキャンバス製の大型リュックサックを支給された。このリュックサックは通常の個人携行装備と併用できるようになっていて、リュックサックのショルダーストラップを腰の装備ベルトに連結することで、サスペンダーを使わずに装備品（弾倉パウチなど）の重量を支えることができるようになっていた。

このほか登山用・冬山用装備として、雪の照り返しから目を保護するゴーグル、スキー板とストック、かんじき、アイゼン、ザイル、ピッケル、ハーケンなどが支給された。訓練の初期段階でも、当然これらの装備の使い方を教わるが、隊員の多くは山岳地帯の出身であったため、教わる前から使い方に習熟している例も珍しくなかった。

前記したとおり、ドイツが劣勢となった大戦後半以降は、これらの装備を使った"山岳猟兵らしい"活躍の場面はめっきり減り、被服の面でも一般歩兵との共通化が進んだ。しかし、それでも彼らは山岳猟兵のシンボルであるエーデルワイス章を誇らしげにつけて戦い続けたのである。

※1　1935年9月に着用が制定されたため、資料によっては1935年型（M35）通常勤務服と表記されることもある。

スキーゴーグル

トリガー・アタッチメント

スキーゴーグルは、写真のように鉄製のアイカップ
自体に放射状のスリットを設けてそこから視界を
得る、より遮光効果の高いタイプもあった
写真／IMA

スキー板

Kar98k小銃

プルオーバー式
アノラック

ストック

プルオーバー式アノラックの表側の背面。
中央に共生地のストラップが、その左右に
フラップ付きの切れ込みポケットがある。スト
ラップの端をボタンで外し、股の間を通し
て、前面のほぼ同じ位置に付いているボタン
に留めることで、風で裾めくれが上がるの
を防ぐことができた　写真／NESTOF

ドイツ国防軍陸軍 第1山岳師団の兵士②

　イラストは、山岳猟兵に支給されたプルオーバー式ア
ノラックを着用した兵士。「プルオーバー」とは、襟元か
ら裾まで通じる前開きがなく（あっても途中まで）、頭か
ら被って着用するデザインのこと。「アノラック」は防寒
性に優れたフードつきのアウターウェアである。
　山岳猟兵のアノラックはコットン製で、裏返しても着用
できるリバーシブル・タイプだった。表側の色はカーキま
たはライトグレー、裏側の色は白で、異なる地勢での迷彩効
果が考慮されている。イラストでは、裏側の白の方（雪上迷彩）
を表にして着用している。
　フードの付け根から胸元にかけて、左右に6対のハトメ穴が
あり、ここに紐を通して締められるようになっている。さらに、右
の身頃（向かって左側）にボタン三つで閉じられるストーム・フ
ラップが備わっている。フードを被って紐を引き絞り、ストーム・
フラップを閉じると、首まわりからの風や寒気の進入を防ぐこと
ができた。また、袖口にも共生地のストラップとバックルがあり、
絞って調節できる。胸元にはフラップ付きの貼り付けポケット
が三つ横並びに備わっていた。
　イラストでは描かれていないが、このアノラックと揃いで支給
されたトラウザーズも同様にリバーシブル・タイプで、表裏の色
もアノラックと統一されていた。
　頭にはレンズ面が黒いスキーゴーグルをつけている。
　手袋はミトン。歩兵用の冬季装備のひとつで、表面の生地
はコットン、内部にウールの中綿が詰められている。なお、
Kar98k小銃のトリガーガード（用心鉄）に鉄製のトリガー・ア
タッチメントを装着することで、ミトンをつけたままでも容易に引き
金を引くことができた。
　左手で支えているのは国防軍制式のスキー板。木製で、現
地部隊では地を白く塗り、ビンディング（取り付け器具）の前方
に緑色のストライプを描いていた。ビンディングは"Kandahar"
（カンダハー）と呼ばれる革ベルトとワイヤーを使った方式で、踵
（かかと）をワイヤーで固定すればアルペン・スキーに、ワイヤー
を外して踵を浮かせればクロスカントリー・スキーになる仕組
みだった。また"Seal"（シール）と呼ばれるアザラシの革をスキ
ー板の裏に取り付けることで滑り止めとし、スキーを履いたま
ま斜面を登ることもできた。

ここではアメリカ、イギリス、ドイツの看護部隊や婦人部隊の成り立ちと、第二次大戦期の軍装について解説しよう。

アメリカ陸軍の看護部隊

アメリカ合衆国における従軍看護婦の歴史は古く、すでに1775年の独立戦争時には、大陸軍（※1）の呼びかけに応じた看護婦たちが、戦闘で傷ついた兵士の治療を行っていた。

内戦となった南北戦争（1861〜65年）では、連邦法により設立された合衆国衛生委員会の看護婦たちが、北軍の医療と看護の大部分、および必要な医薬品の入手と輸送に従事した。およそ15,000人の女性たちが看護婦に志願したが、その多くはカトリックの修道女であった。

勤務場所は軍の病院、野営地、保養所（戦傷で障害を負った兵士のリハビリ施設）などで、ときには北軍のみならず、南軍の兵士たちの看護も行った。南軍がゲティスバーグの戦いで退却した際、約5,000人もの負傷兵が置き去りにされたが、彼らを救ったのが衛生委員会の看護婦たちであった。

1898年にスペインとの間で起きた米西戦争では、アメリカ陸軍は負傷兵の治療のために民間の医師と看護婦を雇った。このとき雇用された看護婦は約1,500人で、他に医師の資格をもつアニータ・マギーが女性として初めて軍医助手に任命された。

米西戦争にアメリカが勝利した後、マギーは陸軍内に看護組織を設立することを提案。自らその設立に関する法案の草稿を執筆するなどして尽力し、これが認められて1901年、米陸軍内に常設の看護組織である陸軍看護部隊（Army Nurse Corps、以下ANCと略す）が誕生した。

第一次大戦にアメリカが参戦した1917年の時点で、ANCには約4,000人の看護婦がいたが、新規に行われた募集により、その数は翌1918年に21,000人に達した。彼女たちは軍の58の病院に勤務し、また1万人近くがフランス（西部戦線）に派遣された。危険と隣り合わせの任務であり、この大戦中に約270人の看護婦が命を落とした。

1920年、ANCの正看護婦には陸軍将校と同等の階級が認められ、陸軍将校と同じ階級章をつけることが許可された。ただし実際には、彼女たちに男性将校と同じ給与は支払われず、またANCを陸軍の一部と見なさない差別的な風潮も依然として存在していた。

第二次大戦の開戦時、ANCの看護婦は約7,000人だったが、終戦時には57,000人以上に達していた。それでも増え続ける負傷兵のせいで、その数は常に不足していたのである。

海外の任地では危険も伴った。1942年5月、フィリピンのコレヒドール島の守備隊が日本軍に降伏すると、現地で勤務していたANCの看護婦67名が捕虜となり、米軍がフィリピンを奪還した後の1945年2月になってようやく解放された。また、1944年1月からのイタリア中西部アンツィオの戦いでは、激しい戦闘のなかで負傷兵の治療にあたっていた215人の看護婦が命を落としている。

開戦当時のANCの入隊資格は、民間の看護学校を卒業した正看護婦で、年齢は22歳から30歳、身長152cm以上、体重45kg以上で、既婚者も応募を認められた。入隊後は、民間の医療機関での勤務経験にかかわらず少尉相当の階級が与えられた（主任看護婦は中尉）。しかし正式な将校任命の辞令は受けなかったので、「少尉」ではなく単に「ナース」（Nurse）と呼ばれ、待遇も男性より劣っていた。

この不公平を是正するため、1944年6月に議会でANCにも戦時の仮任官を認める法案が通過し、仮ではあるがやっと名実ともに将校となった。さらに同年12月、陸軍省は18か月以上の勤務実績があるANC少尉を昇進させると発表し、これにより欧州戦域では3,732人もの少尉が一挙に中尉に昇進した。

ANCは第二次大戦後も存続し、朝鮮戦争やベトナム戦争、湾岸戦争でも現地で看護を行った。この間の1955年には、初の男性看護師が採用された。ANCは現在も米陸軍の医療部門のなかで重要な位置を占めており、自然災害時の救護など人道支援にも活躍している。

●ANCナースのスタイリング

ANCナースには、陸軍婦人補助部隊（WAAC）

※1　グレートブリテン王国の支配に反旗を翻した13植民地（後の独立13州）によって編成された軍隊で、総司令官は後のアメリカ合衆国初代大統領ジョージ・ワシントン。

隊員のものと同様のウール製ジャケット＆スカート
の制服と制帽が支給されたが、彼女たちの"戦場"で
ある病院内では、右のイラストのようなコットン製
の半袖ワンピースの看護服を着用した。ピンク色
のストライプが外観上の特徴である。この看護服
は国外での勤務用に1942
年9月に採用されたものだ
が、のちに国内でも広く着
用されるようになった。ナ
ースキャップも服と同じ
生地で製造されている。

　この看護服の他、前線に近い野戦病院
などでは、男性のものと同じHBT作業服
（※2）を着用した。太平洋戦域では1944年
8月に採用された女性用カーキ・シャツと同
色のスラックスという組み合わせも一般的
だった。また、輸送機のなかで傷病兵の看護
にあたる航空看護婦「フライトナース」には、ブ
ルーグレーの専用のウール製作業服と略帽が支給
された。

看護部隊の兵科章（襟章）
写真／worthpoint

アメリカ陸軍看護部隊
ナース（Nurse）

　イラストは、1942年9月に採用されたコットン製半袖ワンピース看護服を
着用したアメリカ陸軍看護部隊（ANC）のナース。この看護服はガウンと
同様のデザインで、前合わせにはボタンやジッパーがついておらず、腰回り
の共生地のベルトの先端を身体の左前で結んで留めている。左右の胸に
は切れ込みポケットがあり、右前身頃の腰には貼り付けポケットが備わって
いる。また、肩には型崩れを防ぐ補強用のパッドが入っていた。
　目を惹くピンクの細いストライプは、シアサッカー（Seersucker：しじら織
り）によるもので、これ以前に着用されていた白または スカイブルーの看護
服よりも肌触りが良く、皺（しわ）になりにくく丈夫で、洗濯もしやすいという
利点があった。ただし、ストライプ柄は看護学生の制服でもあったため、当
初は「白衣こそ正看護婦の証」と考えるナースが着用をためらうこともあっ
たという。
　右襟についているのは陸軍の男性将校（少尉）のものと同じ階級章で、
左襟にはヘルメスの杖（※）とナース（Nurse）の「N」の頭文字を象った看護
部隊の兵科章をつけている。ナースキャップは看護服と同じシアサッカー
のコットン生地で製造され、長方形の布を二つ折りにして、その先端を頭の
後ろ側で紐でしばって形を整えている。
　1943年8月からは、鉄道や船での移動に適したコットン製、シアサッカー
のシャツとスラックスも支給されたが、兵士たちの間では看護服のほうが人
気があった。
※ギリシア神話に登場する神々の伝令ヘルメスが携える杖で「カドゥケウス」
（Caduceus）とも呼ばれる。北米では医業のシンボルとして用いられることが多い。

ナースキャップ

階級章（ナース）

看護部隊兵科章

コットン製
シアサッカー
半袖ワンピース
看護服

ナース用
サービスシューズ

※2　丈夫な "Herringbone Twill"（ヘリンボーンツイル：杉綾織り）の生地で製造された作業服。

ドイツ軍の婦人補助部隊

第二次大戦期のドイツで婦人部隊が編成されたのは、開戦後のことである。ナチス体制下では、女性はまず「良き妻、良き母親」としての役割を期待され、女性を兵士として活用するのは党の思想に合わなかったためだ。

しかし、ドイツが戦勝とともに占領地を急速に拡大すると、被占領地での事務処理など、後方支援の任務に多くの人手が必要になった。こうした非戦闘任務に女性を配置し、代わりに男性を戦闘任務に振り向けるために創設されたのが、婦人補助部隊である。

1940年10月にまず陸軍の婦人通信補助部隊が創設され、続いて空軍や海軍にも同様の組織が創設された。1941年12月には、18歳から40歳までの女性に応召義務を課す法律が制定されたが、男性の場合とちがって徴兵が徹底して施行されることはなかった。

これら三軍の婦人補助部隊員は、男性兵士と同様に軍法や軍規に従わねばならなかったが、法的には軍属の扱いで、階級名や階級章も独自のものが採用された。また、当初は戦闘任務に就くことは禁じられていた。

ドイツ空軍では1930年代から国内の防空組織で女性が勤務していたが、1941年2月に空軍婦人補助通信隊が創設されると、女性隊員はそちらに組み込まれた。1943年10月には、連合軍の本土爆撃に対抗するために婦人補助高射砲隊が創設された。隊員の任務は探照灯や阻塞気球、射撃指揮装置などの操作だったが、大戦末期には砲自体を操作することも認められた。

戦争が激化すると、婦人補助部隊員が捕虜になる危険性も出てきたため、1944年8月、制服を着た隊員に戦闘員としての法的資格が認められる。そして同年11月29日、三軍の婦人補助部隊は効率化のため国防軍婦人補助部隊に統一され、終戦に至るのである。

●婦人補助高射砲隊員のスタイリング

婦人補助高射砲隊員には、ウール製でブルーグレー一色のジャケット＆スカートの組み合わせから成る制服が支給された。ジャケットの右胸に空軍型の国家鷲章が縫いつけられ、右袖に階級章をつけた。制帽は空軍型の舟形略帽で、前方の折り返しの上に布製の空軍型の国家鷲章が縫いつけられていたが、男性用の略帽とちがって国家色章はついていなかった。

屋外で作業をする隊員には当初、制服とは別に男性用のフリーガーブルーゼ（※3）が支給されたが、1944年になると右ページのイラストのような女性隊員専用のツーピース型作業服が採用された。イラストではジャケットの右袖に婦人補助高射砲隊の部隊章を、左袖に職種章と階級章をつけ、頭には鍔（つば）つきの空軍型M43規格野戦帽を被っている。

イギリス海軍の看護部隊

イギリスは、1884年に海軍の基地病院や病院船で勤務する看護婦の採用を決め、これらの看護婦が所属する海軍看護部隊（NNS：Naval Nursing Service）を創設した。そして1902年には、この部隊がアレクサンドラ王妃（Queen Alexandra）を後援者とするアレクサンドラ王妃王国海軍看護部隊（QARNNS）へと発展する。

QARNNSの看護婦は平時は200人程で、その数は予備役や研修生が加わった二度の大戦時でも最大7,000名を超えなかった。看護婦はイギリス海軍の将校と同様の待遇を与えられたが、厳密には軍人ではなく軍属の文官で、QARNNS自体も海軍の部隊ではなく、あくまで関わりの深い関連組織という位置づけだった。そのため階級名や階級章も独自のものが定められた。看護シスターが中尉相当、上級看護シスターが大尉相当、監督シスターが少佐相当、マトロンが中佐相当、プリンシパル・マトロンが大佐に相当した。

第一次大戦では、多くの看護婦が病院船で勤務したが、絶えず揺れる洋上、かつUボートの脅威がある中での看護は困難を極め、著しい疲労をともなった。この大戦中、200名以上の看護婦が敵の攻撃や事故によって失われた。第二次大戦では、勤務地が地中海、インド、オーストラリアにまで拡大し、看護婦たちは各地の基地病院や病院船で勤務した。

QARNNSは第二次大戦後も存続し、朝鮮戦争やフォークランド紛争、湾岸戦争でも看護を行った。1983年以降は男性看護師も採用、1995年には階級名と階級章がイギリス海軍将校のものと同じとさ

※3　本来は航空機搭乗員用の被服だが、実際には高射砲部隊を含む空軍地上部隊の勤務服野戦服としても着用された。

れ、2000年3月に正式にイギリス海軍に編入された。

●QARNNSシスターのスタイリング

QARNNSのシスターには1942年以降、王国海軍婦人部隊（WRNS）隊員のものと同様のウール製ジャケット＆スカートの制服と制帽が支給された。

ただし、これらは主に外出時に着用されるもので、基地病院や病院船の中での服装は、次ページのイラストのようなコットン製のダークブルーの長袖ワンピース看護服の上に白いエプロン、ダークブルーのティペット（肩掛け式のネックウェア）、白いベール

という組み合わせだった。ティペットの右胸につけているのが看護シスターの階級章。白いベールの背面には海軍型王冠（ネイヴァル・クラウン）の刺繍が施されていた。

空軍型
M43規格野戦帽

職種章
（探照灯操作手）

階級章
（上級補助婦）

空軍国家鷲章

ドイツ空軍 婦人補助高射砲隊
上級補助婦（Oberhelferin）

イラストは、1944年初頭に採用された女性用ツーピース型作業服を着用した婦人補助高射砲隊（Flakhelferinnen）の上級補助婦（Oberhelferin）。ジャケット、トラウザーズともにウール製で色はブルーグレー。ジャケットの前合わせはシングル・ブレストの比翼仕立で（※）で、左右の腰には貼り付けポケットがあり、腰回りには共生地のベルトが備わっていた。右胸には白糸による刺繍（ししゅう）の空軍国家鷲章が縫い付けられている。右袖には楯と短剣の上に空軍国家鷲章があしらわれた婦人補助高射砲隊の部隊章を、左袖には探照灯操作手の職種章と上級補助婦の階級章をつけている。トラウザーズはゆったりとした仕立てのスキーズボンで、男性用のような前開き式でなく、スカートと同じ左右横開き式になっているのが特徴だった。

頭に被っているのは鍔（つば）つきの空軍型M43規格野戦帽で、前面に布製の空軍国家鷲章を縫い付けている。また、空軍のM43規格野戦帽の折り返し前面のボタンには1個と2個のバリエーションがあるが、婦人部隊用は通常1個だけだった。

左肩に私物のハンドバックを提げ、右手には護身用のワルサーPPK自動拳銃を持っている。

※上前の打ち合わせを二重にし、隠しボタンや隠しジッパーにする仕立て。

部隊章

女性用ツーピース型
作業服（ジャケット）

婦人補助高射砲隊
の部隊章
写真／eMedals

ワルサーPPK自動拳銃

アレクサンドラ王妃王国海軍看護部隊 シスター（Sister）

イラストは、アレクサンドラ王妃王国海軍看護部隊（QARNNS）シスターの看護服姿を示す。一番下に着用しているのがコットン製のダークブルーの長袖ワンピースで、その上に胸当て付きの白いエプロンをつけ、首には糊のきいた白いカラー（付け襟）をつける。このカラーと両袖の赤いカフ（袖）は取り外せるようになっていた。カフが赤色なのは、傷病兵を看護するときに血がついても目立たないようにするため。

頭に被ったベールには、隅に海軍冠（ネイヴァル・クラウン）が青い糸で刺繍され、着用した際にそれが真後ろにくるようになっていた。

正装時にはさらに、エプロンの上からダークブルーのティペット（肩掛け式のネックウェア）を着用する。ティペットの右胸についているのが看護シスター（海軍中尉に相当）の階級章で、国王の冠と錨、アレクサンドラ王妃の頭文字「A」を二つ組み合わせたものが金糸や銀糸で刺繍されていた。なお、監督シスター以上の階級のティペットには、イラストのものよりも太い赤い縁取りがあった。腰には、金属製のバックルがついたダークブルーの布製の正装用ベルトを巻いている。バックルには王冠を頂く絡み錨と月桂樹の葉飾りが刻印されている。

このワンピースにエプロン、ティペット、ベールという組み合わせは、英国および英連邦の陸海空軍に共通する看護婦の正装である。

自身の秘密を生涯守り通した軍医

19世紀のクリミア戦争（1853〜56年）の最中、従軍看護婦として有名なフローレンス・ナイチンゲールと度々衝突したイギリス陸軍関係者の一人に、病院総監補のジェイムズ・ミランダ・バリーという人物がいた。

バリーは医師試験に合格後、1813年に陸軍病院助手として任官し軍医に昇進、軍に40年以上も奉職してのちに病院総監の地位にまで上り詰めるエリートだ。きわめて優秀で、担当患者の生存率は当時では群を抜いて高く、また世界で初めて母子共に救った帝王切開手術を成功させた医師でもある。

バリーは1865年に亡くなったが、死後に「彼」に関する衝撃的な事実が明らかになった。彼は彼ではなく彼女、つまり女性だったのだ！

彼女の本当の名前は、マーガレット・アン・バークレー。1789年にアイルランドで生まれたマーガレットは将来医師になる夢をもっていたが、当時は女性が医学を学ぶことは認められておらず、やむなく偽名を名乗り、性別を男性と偽って医師試験を受験、みごと合格したのだ。以降、マーガレットは自分の正体を生涯にわたって隠しつづけ、死ぬまでその秘密を守り通した。

クリミア戦争におけるバリー（マーガレット）とナイチンゲールの衝突は、当時はまだめずらしかった「医療の専門知識をもつ女性」同士の立場や意見の食い違いが原因だったといえる。

ベール

カフ（脱着式）

階級章（看護シスター）

ティペット（肩掛け式ネックウェア）

腰ベルト

エプロン

コットン製
長袖ワンピース

サービスシューズ

「海兵隊」ってなんだ？

2018年3月に陸上自衛隊に水陸機動団が創設された際、一部のマスコミは「我が国に海兵隊創設か!?」と報じたが、そもそも「海兵隊」ってなんだろう？

海兵隊およびそれに類する組織は、国や時代によって軍の編制上の扱いがまちまちで、陸海空の主力三軍に対する立ち位置もそれぞれの国で異なっている。「海兵」の大元の意味は「海上部隊に主導された陸上戦闘部隊」なのだが、創設された経緯に国ごとの歴史的背景が絡んでいる（※）ため、国・時代でその組織は大きく異なっているのだ。

また名称も「海兵隊」「海軍歩兵」「陸戦隊」などと組織によって異なる。限りなく陸海空の三軍とは独立した部隊として編成している国もあれば、海軍所属の一兵科としている国もあり、また、やむを得ない事情で海軍の水兵（艦艇乗員）を臨時に陸上兵力として編成した例、「海兵」とは呼ばれているものの陸軍所属の部隊の例などもあり、一言で「海兵とは？」を説明するのは案外難しいのだ。

様々な海兵隊の形態

ここからは、各国の「海兵隊」を、幾つかの例を挙げて大まかに分類してみよう。

A：陸海空の三軍に次ぐ「第四の軍隊」としての部隊
B：海軍に属し、地上戦闘を担当する部隊
C：艦艇乗員から臨時に編成された部隊
D：その他、伝統的に「海兵」の名を関する陸軍部隊

●アメリカ

アメリカの「海兵隊」（Marine Corps）は、世界中の海兵隊の中でほぼ唯一、項目Aを満たせる軍隊組織となっており、単独で小国の陸海空の総戦力に勝る戦闘力を保有している。ただし、組織的には海軍の隷下部隊という位置付けで、海上機動・上陸作戦は海軍管轄の揚陸指揮艦や強襲揚陸艦との共同作戦となる。その点においては、項目Bの要素も含んでいるだろう。

「海兵隊」といえば即ちアメリカ海兵隊をイメージする程に広く認識されているが、じつは世界的に見ても稀有な例なのだ。

●ソビエト

ソビエトの「海軍歩兵」（Морская Пехота）は、第二次大戦中は項目C、戦後は項目Bとして再編された。大戦中は戦争の初期に海軍艦艇の多くが無力化されたため、30万名以上の水兵が小銃を持って枢軸国軍と戦っている。戦後はその勇猛さを称え、海軍のエリート陸戦部隊として再創設されたという経緯がある。

●イタリア

イタリアの「海軍歩兵」（Fanteria di Marina）は、ローマ時代から海洋国家独自の部隊としての歴史があり、軍の精鋭として「サンマルコ海軍歩兵」が存在している。第二次大戦中のR.S.I.（サロ共和国）期は、項目Cの「艦艇乗員の転用」部隊を主力としていたが、にわか編成の部隊ではなく、ドイツ軍式の訓練を受けた精鋭部隊として活躍した。

またN.P.（潜水空挺）大隊と呼ばれる、現在の米海軍SEALsに通じる任務を帯びたコマンド部隊も存在していた。戦後はサンマルコ海軍歩兵大隊の他、陸軍が独自に強襲揚陸部隊「干潟連隊セレニッシマ」を編成。地中海中央に位置する海洋国家ならではの部隊を保有している。

●日本

日本には明治の一時期にイギリス海兵隊を範とした「海兵隊」が存在し、海軍総兵員の1/3を占めるほどの兵力を有していたが、わずか数年で廃止され、日露戦争時に項目Cの「陸戦隊」として復活する。後に日本海軍の活動範囲が広まると、専属の陸戦兵を養成し、水陸両用戦車やパラシュート部隊も有する「特別陸戦隊」も創設された。これは項目Bに当てはまるだろう。

戦後、日本は自衛隊を創設するが、本来、海兵隊は上陸戦を主眼とする攻撃的要素の最も強い軍種であるためか、海兵に類する部隊は設置されずにい

※海兵隊の起源は、中世の「接舷切り込み隊」にまで遡る。接舷して敵艦へ乗り込んでの制圧は敵艦そのものを戦利品として奪えるという利点があった。その後、艦艇同士が大砲を撃ち合う時代になると、「接舷切り込み隊」の兵士は小銃を用いた敵艦指揮官の狙撃や、水兵の反乱に備えた艦隊の警備、港湾施設の警備などを主任務としていった。

た。だが、ここにきて東アジアの国際情勢がキナ臭く
なってきたことから海上自衛隊に「特別警備隊」、陸
上自衛隊には島嶼防衛・逆上陸を任務とする「西部
方面普通科連隊」が編成され、2018年には「水陸機
動団」が創設された。

　次からは"稀有な例"であるアメリカ以外の海兵
隊について、具体例を挙げて解説していこう。

イギリス王立海兵隊

　1664年、選抜された陸軍兵士で編成された海上
歩兵連隊（Maritime Regiment of Foot）を原型
とする。こうした経緯からか、階級章や階級呼称も
陸軍に準じたものとなっている。多くの海兵隊組織
が「海軍の地上部隊」であるのに対し、イギリスは
「船に乗った陸軍兵士」といったニュアンスなのが
面白い。実際、現在海兵隊の主力戦闘単位である第
3海兵コマンド旅団は、陸軍部隊との混成となって
いる。

　第二次大戦の緒戦、ドイツ軍に大敗を喫したイギ
リス軍は、少数精鋭の奇襲部隊「コマンド」創設に取
りかかる。1942年、共同作戦司令部は王立海兵隊か
ら海兵コマンド部隊への志願者を募り、この年の末
までに第40から第45までの六つの海兵コマンド部
隊を編成している。

　大戦後、海兵コマンド部隊が活躍した戦場として
外せないのはフォークランド紛争だろう。1982年4
月、突如アルゼンチン軍が英国領フォークランド諸
島およびサウスジョージア島に上陸し、これらを占
領。これに対し英軍は、3個海兵コマンド大隊を基
幹とする「第3海兵コマンド旅団」を編成し、東フォ
ークランド島のサンカルロスに逆上陸を敢行した。
そして6月14日、英軍はアルゼンチン軍が立て籠も
る最終目標ポート・スタンレーに突入し、これを解
放。英軍は見事フォークランド諸島の奪還に成功し
ている。

　現在、英国海兵隊はフォークランド紛争時から引
き続き第40、42、45の3個コマンド大隊を基幹に、
第29コマンド砲兵連隊（陸軍）、第24コマンド工兵
連隊（陸軍）、上陸支援コマンド群、コマンド補給連
隊などで「第3海兵コマンド旅団」を編成。2003年
のイラク戦争には第40および第42コマンド大隊が
派遣され、陸軍の第7機甲旅団、第16強襲旅団と共

にイラク平定作戦に参加している。

フランス海軍コマンド／海兵歩兵

　お次はフランスの海兵組織。フランスは特にやや
こしい。というのも、上陸戦など海に関する作戦とは
全く関係ないのに、部隊名に"Marine"（海兵）と付
く部隊が多いのだ。

　まずはフランス軍特殊部隊の一つである海軍コ
マンド（Commandos Marine）。この部隊は前述
のイギリス海兵隊内に組織されたフランス人部隊
「第4海兵コマンド大隊」を母体としている。所属は
海軍だが、命令系統はCOS（特殊作戦司令部）直轄
となっている。

　一方、陸軍所属の海兵部隊はTDM（Troupes
de Marine）と呼ばれる。1622年の創設から
1950年代末まで部隊名に"Coloniale"（植民地）
と冠されていたことが示すとおり、TDMはフラ
ンス植民地での軍事的プレゼンスの維持を目的
とした部隊であった。ゆえに上陸部隊というより
は、海外遠征部隊に近い性格をもつ。

　1950〜60年代に植民地の独立が相次いだことか
ら、TDMの部隊名から「植民地」の文字が外され
た。一例として「植民地パラシュート大隊」は「海兵
歩兵パラシュート大隊」と改名。なお、第1海兵歩兵
パラシュート連隊は大戦中のイギリス陸軍S.A.S.旅
団フランス中隊を母体とした特殊部隊であり、海軍
コマンド同様、COS直轄部隊となっている。

日本海軍陸戦隊と特別陸戦隊

　最後に我が国の陸戦隊を紹介しよう。日本の海兵
隊は明治16年（1883年）に発布された「陸戦隊編
制」から始まっている。当初は艦艇乗員から臨時に
編成した徒歩兵から成り、敵港湾施設や要塞の攻
撃、沿岸部の敵勢力の撃破と当面の占領維持を任務
としていた。

　各陸戦隊の名称も、所属する軍艦の名前を冠して
「軍艦○○陸戦隊」となり、複数の陸戦隊から成る場
合は「第○戦隊陸戦隊」、「第○艦隊陸戦隊」などと呼
称された。この後、各鎮守府（日本各地に置かれた海
軍の方面司令部 横須賀・呉・佐世保・舞鶴の四カ
所）に属する海兵団（海軍兵の初等教育機関。陸戦
訓練も行う）において、必要に応じて軍艦に乗り込
み、艦隊の派遣先で陸上作戦に従事する「特別陸戦

イギリス王立海兵隊 第42海兵コマンド大隊 機関銃手

イラストは1982年のフォークランド紛争時のイギリス海兵隊員の軍装の一例。ダークグリーンのベレー帽と、地球儀と月桂樹の葉を象ったベレー帽章は1943年に海兵コマンド隊員用として採用され、以降、王立海兵隊のトレードマークとなった。ベレー帽章は下士官／兵用は1ピース、将校用は2ピース式となる。ダークグリーンのベレー帽は、第二次大戦中にイギリスに亡命したフランス人志願兵で編成された「第4海兵コマンド大隊」にも採用され、のちにフランス海軍コマンドのベレー帽となる(136ページを参照)。

海兵隊及び陸軍空挺隊は、野戦においてもそのトレードマークであるベレー帽の着用率が高く、これはフォークランド紛争でも同様であった。

戦闘服はイギリス軍独自のDPM迷彩パターンが施されたフード付きのウインドプルーフ・スモック。フードの縁に針金が縫い込まれているタイプもあり、着用者が任意にフードの形状を加工することができた。通常の戦闘服はOD単色のP53、ODとDPMの双方が製造されたP60、DPMのみとなるP68、空挺部隊専用のP77/78、内張りを省略したP84、P90、P95と改良を続けられ、現在は2009年に採用されたMTP迷彩パターンの戦闘服と共に着用され続けられている。

手袋は黒革製の通称NI(北アイルランド)グローブ。ブーツは官給品である黒革製DMSブーツの他、フランスのガリビエール社製登山靴なども着用された。

L4A4軽機関銃は、第二次大戦を通して英連邦諸国軍で使用されたブレン軽機関銃の使用弾薬を、戦後NATO軍の標準規格弾薬である7.62mm×51 NATO弾仕様としたもの。1991年の湾岸戦争に至るまで使用された。

個人携行装備はP58戦闘装備(詳細は展開図の解説にて)。

DPM:Disruptive Pattern Material(分裂パターン素材)　OD:Oliev Drab(オリーブドラブ)　P:Pattern(年式を示す、P60なら1960年型)　MTP:Multi Terrain Pattern(複数地勢パターン)　NI:North Ireland(北アイルランド)　DMS:Directly Moduled Sole(直接成形式靴底)

王立海兵隊ベレー帽

P58戦闘装備

NI(北アイルランド)グローブ

DPM迷彩 ウインドプルーフ トラウザーズ

MK.Ⅱ防水ゲートル

DPM迷彩 ウインドプルーフスモック

ブレンL4A4 7.62mm軽機関銃

P58戦闘装備はダークグリーン色のコットンウェブ製で、ベルト、汎用アモパウチ、ヨーク(サスペンダー)、キドニーパウチ(腰背面に装着する脱着可能な大型パウチ)などから構成される。ラージパック(背嚢)の中央には木製のツルハシの柄または大型スコップを装着可能で、柄から取り外したツルハシの金属部はポンチョキャリアー上面に収納して携行した。

ガリビエール社製 登山靴

P58戦闘装備

隊」が編成されている。

昭和期に入り海軍の活動範囲が拡大すると、臨時編成の陸戦隊ではその任に限界が生じ始めたため、海軍は陸戦専門の常設陸戦隊の編成に取りかかる。その先駆となったのが「上海特別陸戦隊」だ。

昭和6年（1931年）の満州事変により中国の排日

運動が激化。翌年1月には日中両軍の軍事衝突へと発展する。これが第一次上海事変で、この戦訓から海軍は地域を定めて設置される常設陸戦隊の必要性を認識。「海軍特別陸戦隊令」を制定して上海に常駐する特別陸戦隊、「上海特別陸戦隊」を編成したのである。

フランス海軍コマンド／海兵歩兵

海軍コマンドベレー（海軍所属）

海兵歩兵パラシュート連隊ベレー（陸軍所属）

海兵歩兵ベレー（陸軍所属）

F1/F2戦闘服

Mle1974(F1)装備用ベルト

（左）フランス海軍の「海軍コマンド」上等兵。海軍コマンドは第二次大戦中、イギリスに亡命したフランス人志願兵で編成された第4海兵コマンド大隊を母体とするため、イギリス海兵隊に倣ってイギリス式の"右落ち"でグリーン色のベレー帽を被っている。（中央および右）いずれもフランス陸軍のTDM（Troupes de Marine：海兵）所属で、中央が第1海兵歩兵パラシュート連隊の上級曹長、右が第3海兵歩兵連隊の上級伍長。それぞれ赤色、濃紺色のベレー帽をフランス式の"左落ち"で被っている。

この3人が着用している戦闘服はF1またはF2戦闘服。その軍被服コードから通称サタン300（サテン生地第300号）と呼ばれる1964年採用の戦闘服をベースに、生地の変更や金属スナップボタンの採用など小改良を加えたもの。F1は薄手ヘリンボーン（杉綾織り）生地、F2は厚手の平織り生地で仕立てられている。制定当初はグレーグリーン単色のみだったが、現在はCE（中央ヨーロッパ）迷彩、砂漠迷彩のものが一般的となっている。

両胸に垂直に備わったジッパー閉鎖の胸ポケットや胸中央に取り付けるベルクロ脱着式の階級章など、その後の各国の軍装に多大な影響を与えた。イラストのようにタイトに着こなすのが伝統となっており、しばしばジャケットの裾を短く詰め、内側にゴム紐を縫い込むなど身体にフィットするよう兵士個人の手で改造を施して着用された。

その一方、太平洋に点在する島々への上陸戦と占領維持のため「特別鎮守府陸戦隊」と呼ばれる常設の陸上戦専門部隊を編成してこれに当たらせた。「特別鎮守府陸戦隊」は最終的に二つのパラシュート降下部隊を有するまでにその規模を拡大し、昭和16年（1941年）末に米英との戦争が始まると、連合艦隊や航空隊と共に広く太平洋上を支配下に置いていった。

これとは別に、連合軍に圧倒された大戦末期には、乗り組むべき艦艇を失った多くの海軍兵が陸戦部隊として編成され、陸軍と共に苦戦を続けること

となる。そして昭和20年（1945年）8月、日本の敗戦により海軍は解体。同時に陸戦隊も消滅したのであった。

大日本帝国海軍
上海特別陸戦隊 一等水兵

イラストは昭和7年（1932年）以降、海軍内の陸戦専門部隊として常設化された際の上海特別陸戦隊兵士のスタイル。兵軍帽（水兵帽）の前章（ペンネント）は、常設の陸戦隊であることを示す「大日本海軍特別陸戦隊」の文字が箔押しされている。一方、旧来の艦艇乗員や海兵団で臨時に編成された陸戦隊はそれぞれ所属する部隊のペンネント（「大日本軍艦○○」「○○海兵団」など）のままとなっている。なお、昭和16年（1941年）の大戦突入直前には、防諜上の理由から一部の海兵団などを除いてペンネントの文字は「大日本帝国海軍」に統一された。

軍衣・軍袴は艦隊勤務時のもの（一種軍装：濃紺色のウール製冬服）をそのまま着用していたが、夏期は白い二種軍装では目立つため、昭和2年制定の、茶褐色生地製のセーラー服型陸戦服を着用した。昭和8年には開襟ジャケット型の褐青色陸戦服が採用され、以降、デザインに改良を加えられながら終戦まで着用されることとなる。

右袖の布製徽章は下の円形のものが官職区別章。ぶっ違いに配置した錨＋桜花で「一等水兵」を表す。その上は「善行章」。イギリス海軍の精勤章を範として導入されたもので、問題なく3年勤続する毎に善行章1本の着用が認められた。注目すべきはこれら徽章の着用位置。一般的な軍隊の袖章が袖の左右側面に着用するのに対し、帝国海軍水兵のそれは袖の正面となっている。これは狭い艦上での整列時、正面からでも階級や職種を判別できるようにするためと言われる。

個人携行装備は雑嚢・水筒の負い紐を襷掛けにし、胴乱（弾薬盒の海軍式名称）を計三つ（小銃弾30発収納の前用を二つ、60発収納の後用を一つ）と銃剣差しを通した帯革（ベルト）を締めている。さらに状況に応じて防毒面一式や榴弾嚢などを携行する。なお、雑嚢の装備位置は陸軍とは逆で、右肩から左腰にかけて襷掛けに着装する。

通常、陸戦隊では足元に白いズック製の布脚絆（きゃはん）を装着するが、上海特別陸戦隊では早い時期から専用の茶褐色布脚絆を用いていた。戦闘時はヘルメット（海軍では鉄兜）を着用するが、特に初期においては上海現地で購入したイギリス軍用の皿型ヘルメットや陸軍から譲渡された通称サクラヘルメットなども数多く使用された。

兵軍帽

兵軍帽前章
（ペンネント）

中着襟（ボタン留めした
セーラーカラー）

水兵襦袢

襟飾
（スカーフ）

官職区別章（一等水兵）

善行章

水筒
負紐

雑嚢負紐

胴乱（三八式
小銃用弾薬盒）

革製剣差し

三十年式銃剣

「鉄のカーテン」に隠された軍隊

ここでは、ロシアがまだ社会主義国家ソビエト連邦だった頃の軍隊を取り上げてみよう。ソ連軍ファンの皆さま、お待たせしました！ とはいえ、若い読者の中には「ソ連軍の脅威！」と言われても、ピンとこない人もいるかもしれない。

第二次大戦の終結は、アメリカを筆頭とする西側資本主義諸国と、ソ連を中心とする東側社会主義諸国の対立、すなわち冷戦という新たな構図を生み出した。西側諸国にとって最大最強の仮想敵がこのソ連軍であり、極東ソ連と国境を接する日本にとってもリアルな"今そこにある危機"だったのだ。

1950年代から80年代にかけての冷戦期、ソ連軍の装備の詳細は厳しい情報統制により西側にはほとんど伝えられていなかったため、西側の軍隊とは全く異なる用兵思想から開発された彼らの装備——自動小銃から戦略級核ミサイルまで——は常に西側各国軍の注目の的であった。

兵士個人の戦闘能力・生存性の向上に努めた西側各国軍に比べ、当時のソ連軍地上部隊の戦術は、第二次大戦以来の大量の戦車と兵員による"赤い津波"、すなわち人海戦術に拠るところが多く見受けられた。しかし、1979年に始まったソ連軍のアフガニスタン侵攻では、山岳地域でのイスラム系義勇兵によるゲリラ戦で予想以上の苦戦を強いられる。ここでの戦訓は、ボディアーマーや暗視装置といった装備の近代化を促すことにもなった。

ソビエト連邦が崩壊した1991年以降、新生ロシア軍は徽章類から社会主義国家のトレードマークであった「赤い星」「鎌とハンマー」を除いたが、その軍装品の多くはソ連時代のデザインを踏襲したものであった。

現在、ロシア軍はかつての敵であった西側諸国軍との合同訓練や技術供与によってさらなる近代化が進められ、その装備は欧米先進国と遜色ないものになっている。

冷戦期のソ連兵のスタイリング

冷戦期のソ連兵のスタイルを西側各国に強く印象付けたのが、1969年採用の通称「M69勤務服」とKLMKと呼ばれる迷彩オーバーオール（つなぎ服）の組み合わせだ。

●M69勤務服

兵営での日常生活から実戦まで、幅広い場面で着用された勤務服兼野戦服。同時期の西側各国軍のユニフォームに比べると造りが質素で、デザインも第二次大戦以来の旧態依然としたものであり、お世辞にも機能的とは言えなかった。

襟には金属製の兵科章を付けた平行四辺形の襟章、両肩には階級を示す肩章、左袖には兵科章を縫い付けている。前合わせを閉じるボタンはすべて金色。野戦においてはこの上からKLMK迷彩オーバーオールなどを着用することが前提となっているため、低視認性については考慮されていない。トラウザーズは大腿部が膨らみ、逆に膝下はきつく絞られたブリーチズ型で、黒革製のロングブーツを履くことを前提にデザインされている。

1979年のアフガニスタン侵攻当初、ソ連軍地上部隊の将兵はこのユニフォーム、もしくはこれを開襟型とし、トラウザーズをストレート型に変更した熱帯地仕様のM69を着用していた。しかし、甚だ時代錯誤なこれらの勤務服は近代戦には不向きであるという結論となり、通称「M82戦闘服」や編み上げ式ブーツといった新型ユニフォームが開発・採用されることとなった。

●KLMK

「夏季用カモフラージュオーバーオール」を意味するロシア語の略称（原語では"КЛМК"と表記）。薄手のコットン生地製の迷彩オーバーオールで、M69などの単色勤務服の上から着用できるようゆったりとした裁断になっている。裏返しても着用できるリバーシブル・タイプ。

表面の迷彩パターンは「ベリョーズカ」（白樺）と呼ばれる緑色のベースに薄い灰色の幾何学模様が配置されたシンプルなもの。かつてはその迷彩効果を疑問視する声もあったが、奇しくも現在アメリカ四軍それぞれが採用している各種のデジタル迷彩

パターンを先取りしたものであり、先見の明があったと言える。リバーシブルの裏面はグレーの格子模様の「夜間用対暗視装置迷彩」となっており、これも米軍の対暗視装置迷彩パーカー（ナイトデザートパーカー）に先んじている。

　余談だが、当時日本のソ連軍装コレクターはこの迷彩を「テトリス迷彩」と呼んでいた。どちらもロシア製なので。また「サバゲーでKLMKを着て寝転んでいたら背中を踏まれた」などという驚異的な迷彩

効果にまつわるエピソードも伝えられている。

　なお、アフガニスタン侵攻以降は上下セパレートで各種ポケットが増設されたタイプ（KZM）やメッシュ生地製の対化学戦用のタイプ（KZS）も登場した。また、酷暑期には下着の上に直接これらの迷彩服を着用した兵士の例も見られる。

　このように、冷戦期のソビエト陸軍では、カーキ色単色の勤務服とその上に着用する迷彩服という組み合わせがスタンダードであった。

ソビエト陸軍
自動車化狙撃兵兵団
下級軍曹（1970年代）

イラストは1969年7月に制定された勤務服兼野戦服、通称「M69勤務服」を着たソビエト地上軍の兵士。この勤務服は白い襟布をいちいち襟の内側に縫い付ける必要があるなど、第二次大戦時の戦闘服（ギムナスチョルカやルバシカ）の流れを汲む旧式なデザインとなっている
肩章のCAの文字は"Советская Армия"（ソビエト陸軍）の頭文字。黄色の2本線は「下級軍曹」を表す。肩章はループになっておらず、四つの辺すべてを直接肩に縫い付けて着用する。
肩章と襟章の赤色は、厳密には「兵科色」ではない。この色は所属する「兵団」を示すもので、赤（自動車化狙撃兵と軍楽隊）、黒（砲兵や戦車兵、工兵など）、空色（空軍や空挺兵）、キイチゴ色（医療や主計など後方部隊）の4種がある。厳密な兵科区分は、襟章に取り付けた金属製の小さな兵科章と、左袖に縫い付けた兵科パッチで見分けることができる。通常、歩兵部隊は赤、戦車部隊は黒を使用するが、例えば自動車化狙撃兵兵団に所属する戦車兵は赤い襟章に戦車兵の金属製兵科章をつけることになる。
なお、野戦専用のものとして、金色のボタンをオリーブドラブのものに交換し、徽章もすべてカーキ色に統一したM69勤務服も存在する。その場合、肩章の階級を表すラインは赤色となる。

ピロートカ（略帽）

襟布

兵科章
（自動車化狙撃兵）

「下級軍曹」肩章

青年共産党員章
（コムソモール章）

兵科章
（自動車化狙撃兵）

右上:親衛部隊章
　（グバルディア章）
左上:優秀兵士章
下:下士官兵専門技術者章
　（上級）

装備用ベルトとバックル

M69勤務服

海軍の陸戦部隊である海軍歩兵

ソ連軍の中でも、特殊部隊（スペツナズ）や空挺部隊（デサントニキ）に並んで人気があるのが海軍歩兵ではないだろうか。

ロシアの海軍歩兵の歴史は18世紀のピョートル大帝の時代にまで遡る。1705年、バルト海で編成中の新艦隊の中に近衛陸上海兵団（グヴァルヂェーイスキー・エキパージ）と呼ばれる連隊規模の陸戦部隊を配したのが最初と言われている。

ただし、帝政ロシアからソビエト連邦における第二次大戦終結までの歴史の中で、常設の海軍歩兵部隊の規模は小さいままだった。海軍歩兵の名を広く知らしめることに貢献したのは、艦艇を失い、言わば"失職した水兵"らによって編成された陸戦部隊である。

第二次大戦の開戦時、海軍歩兵部隊はバルト海艦隊所属の1個旅団のみであった。しかしドイツ軍の奇襲により多くの艦艇を失い、また冬期は海が凍りつき、思うような活動ができないといった条件から、ソ連海軍将兵の多くは陸上にその戦いの場を移した。

地上部隊に転用され「海軍歩兵」として再編された海軍将兵は、バルト海艦隊司令部のあるレニングラードの防衛戦、クリミア・セヴァストポリ防衛戦、ドニエプル渡河作戦などで奮戦。訓練や装備は不十分で、陸戦の基本的な知識に乏しい兵員も多く多大な損害を重ねたが、一方でその勇猛さは敵であるドイツ軍も一目置くほどであったそうだ。

1個海軍歩兵大隊は約600名の海軍兵士から成り、5個〜10個大隊を束ねて1個海軍歩兵旅団を編成した。終戦までに40個海軍歩兵旅団と6個海軍歩兵連隊を基幹とする多くの陸戦部隊が編成され、延べ兵員数は約35万名にのぼった。小規模ながら114回もの上陸作戦を敢行し、5個旅団2個大隊がソ連軍における部隊表彰である「親衛」の称号を得ている。

1945年、ソ連は枢軸国との大戦に勝利し、同時に"失職した水兵"の転職先としての海軍歩兵部隊はその役目を終え、1947年に解体された。が、冷戦真っ只中の1961年、今度は専属の陸戦部隊として再度編成されることとなる。

1970年代、ソ連海軍は各艦隊に1個海軍歩兵連隊（約2,000名）を配し、1980年代には連隊は旅団へ、さらに一部の旅団は師団へと規模を拡大した。しか

し、1991年のソビエト連邦崩壊とロシア連邦への体制移行後、その規模は縮小されることとなった。

現在、ロシア海軍歩兵の総兵力は約1万名。北方・太平洋・バルト海・黒海の各艦隊に配された2個旅団3個連隊を主力に、海軍の特殊部隊である対水中工作大隊などを複数擁している。

高嶺の花だったソ連の軍装品

ソビエト連邦の軍装品は、1980年代末まではまず入手できない高嶺の花であった。しかし、1991年のソ連崩壊により状況は一変。その前年には東ドイツが消滅しており、突如、東ドイツ軍やソ連軍の軍装品が大量に日本に流れ込んできた。その結果、ソ連軍モノの価値は一部のレアアイテムを除いて大暴落し、「3K」（クサい、汚い、キモチ悪い）とか、「実物収集が進むほど部屋がゴミ溜めのようになってい

野戦用装備の展開図

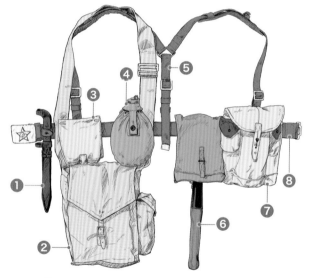

❶ AK-47用銃剣
❷ ガスマスク収納バッグ
❸ 手榴弾用パウチ
　（2発収納）
❹ 水筒
❺ 装備用サスペンダー
❻ 小型携帯スコップ
❼ AK-47自動小銃用弾倉パウチ（30連弾倉3本、銃手入れ用油缶、装填用クリップを収納）
❽ 装備用ベルト

　イラストはソビエト陸軍歩兵の野戦用装備を展開した状態。これに簡易テントを兼ねたポンチョ、簡易背嚢（はいのう）を追加すると完全装備一式となる。装備用ベルトとサスペンダーは一見すると茶革製のようにも見えるが、実は厚手のキャンバス（帆布）製で、表面を茶濃色の塗料でコーティングしたもの。右腰にAK-47自動小銃用弾倉パウチ、左腰に手榴弾用パウチと銃剣というように左右非対称に装着する点が特徴だ。

　銃剣はAK-47、AKM（AK-47の改良型）、AK-74（AKMの小口径改良型）でそれぞれ異なったデザインとなっており、AK-47用の銃剣は主にくくための両刃型だが刃は付いていない）、AKMとAK-74用のものは片刃のナイフ型となっている。弾倉パウチは弾倉を共用できるAK-47とAKM用は共通（7.62mm×39弾の弾倉を3本収納）だが、AK-74用は専用のもの（5.45mm×39弾の弾倉を4本収納）が制定されている。

「く」とか散々な言われようだった。

が、ソ連が崩壊してからはや30年。「冷戦」や「ワルシャワ条約機構軍」といった単語は歴史の教科書の中にのみ存在するものとなり、ナチス時代のドイツ軍モノ同様「かつて存在した悪の帝国軍」として興味を抱く若いミリタリーファンも出始めていると聞く。

**ソビエト陸軍
自動車化狙撃兵（1970年代）**

SSh-68ヘルメット

M69勤務服

AK-47用銃剣

装備用サスペンダー

KLMK迷彩オーバーオール

手榴弾用パウチ

AK-47銃剣用の鞘

ガスマスク収納バッグ

AK-47自動小銃

AK-47用弾倉パウチ

装備用ベルトとバックル

　イラストは冷戦期のソビエト陸軍自動車化狙撃兵の一般的なスタイル。ソ連軍では歩兵のことを「自動車化狙撃兵」と呼称していた。これは第二次大戦時の「戦車跨上狙撃兵」（タンコビー・デサント）の伝統を受け継ぐもので、BMP装甲兵員輸送車によって輸送され、戦車部隊と共に前進することを基本戦術としている。「狙撃兵」と言ってもいわゆる“スナイパー”の意味ではなく、“精鋭兵”程度の意味合いであることに注意。
　被服としては、まず野戦服を兼ねたM69勤務服と黒革製のロングブーツを着用し、その上からKLMK迷彩オーバーオールを着込んでいる。この迷彩オーバーオールは陸軍の他、海軍歩兵部隊などでも広く着用され、派手な勤務服とそれを覆う迷彩カバーオールという組み合わせは1970年代～80年代前半のソ連地上軍の象徴的なスタイルであった。
　鋼鉄製のヘルメットは、アフガニスタン侵攻前後から普及し始めたSSh-68と呼ばれた当時最新のタイプ。第二次大戦時に使用されたM40、M40のライナーと顎紐（あごひも）を改良したM60を更新するもので、半球状に近いM40、M60と比較して頭頂部がやや尖っているのが外観上の特徴となっている。
　手にしているのはAK-47自動小銃。1940年代後半に開発された東側の傑作軍用ライフルである。1960年代にはプレス加工を多用した生産性向上型のAKM、1980年代以降は小口径化による弾薬の携行数の増大を図ったAK-74が登場し、現在ロシア軍ではこのAK-74の発展型を制式小銃の一つとしている。

そんな若人には『若き勇者たち』(1984年)という映画をぜひオススメしたい。軍装や兵器の描写はともかく、この映画では日本を含む西側諸国が恐れていた「想像上の凶悪なソ連軍」が描かれており、当時の西側が如何にソ連軍を脅威と感じていたかを知ることができるぞ。

ソビエト海軍歩兵（第二次大戦時）

水兵帽

「赤旗バルト海艦隊」ペンネント

水兵用ボーダーシャツ

レニングラード防衛メダル

臂章(砲術科)

1940年型階級章(兵曹)

海軍下士官兵用ベルトとバックル

ボタン脱着式の上襟

水兵服(フラネレフカ)

　イラストは第二次大戦初期におけるソビエト海軍歩兵のスタイル。ソビエト海軍の水兵服(フラネレフカ)の特徴は、ボタンで留めるカフス式の袖口と、裾をズボンの中にたくし込んで着用する点。これは明治期の日本海軍などにもみられる、水兵服としてはクラシカルなスタイルだ。
　腰には海軍を象徴する錨と星がレリーフされた真鍮製バックル付き黒革ベルトを締めている。襟の下に飾りタイは用いず、厳寒期には襟元の開きをボタンで閉じることができる。冬服の場合、セーラーカラーは上衣共生地のものの上に、白い3本ラインが縫い付けられた脱着式の襟を重ねて着用する。この脱着式の襟(フォールメンヌイ・ヴォロトニーク)は、水兵服の他、作業服などにも取り付けられることがあった。
　1943年までは、階級は袖口の星章と布テープの本数で示した。1943年以降は階級章の位置が袖口から新設した肩章に移動し、肩章に階級を示すラインと所属艦隊の頭文字を示すキリル文字があしらわれた。左袖の臂章(ひしょう)は職種章。イラスト例では「交差させた砲」で砲術科を示す。その他、掌帆科(錨)、操舵科(舵輪)、機関科(歯車)などの種別があったが、これらは海軍歩兵としての種類ではなく、以前所属していた艦隊での職種である。
　水兵帽には赤星章の他、所属艦隊や軍艦の名を記したペンネント(リボン状の徽章)を装着する。イラスト例は「赤旗バルト海艦隊」のもの。
　水兵服の下には紺と白のボーダーシャツ(テリニャーシカ)を着込んでいるが、これは海軍歩兵のアイデンティティを示す格好のアイテムとなっていた。運良く陸軍の野戦服を入手できた際も、上衣の襟を大きく開いて襟元からその縞(しま)模様を覗かせていた。なお、戦後、このボーダーシャツは空挺部隊(デサントニキ)でも着用されたが、これは第二次大戦に海軍歩兵として従軍した空挺部隊司令官B.マルゲロフ少将の発案であり、海軍歩兵の象徴であるボーダーシャツをエリート部隊の証として採用した、という経緯がある。
　第二次大戦中のソビエト海軍歩兵は、大半が運用すべき艦艇を喪失した水兵を陸戦隊として再編成し、小銃等で武装させて陸戦に投入したものであった。よって海軍歩兵専用の被服や徽章といったものは制定されず、多くが艦隊勤務時の水兵服や防寒用Pコートの上に有りあわせの野戦装具を身につけて戦闘に参加した。

「ミリタリー考証／監修」というお仕事②

リアルとリアリティの線引き

　フィクションの作品においてリアリティ・ラインをどこに引くのか、どの辺りまでリアルにするのか、というのはいつも悩むのですが、これは作品ごとはもちろん、シーンごとにもケースバイケースで変化するものだと思います。自分でこうだと決めてしまうと、それに縛られてしまいますから、僕は以下の三つのポイントで考えるようにしています。

1. エンターテインメント性

　ミリタリー監修／軍事ディレクションのお仕事は「スパイス屋」だと思っています。「こんなスパイスはいかがでしょう、こんなものもありますよ、これを使うとこういう展開が広がりますよ、こんなキャラ付けができますよ」と提案し、そのスパイスの効果を説明することはありますが、最終的な文字通りの「さじ加減」はいわばシェフである監督にお任せしています。

　スパイスを入れ過ぎるとミリタリー色が強すぎてお客の舌を選ぶ料理（作品）、少ないと物足りない料理（作品）になってしまう。マニアックな情報やギミックに意識が集中してしまうあまり、肝心のエンターテインメント性、ダイナミックな描写が疎かになってしまっては本末転倒だと思います。

　『劇場版シティーハンター』でいえば、ヒロインがPMC隊員から奪ったMP5短機関銃を乱射するシーン。現実には30発を数秒で撃ち切ってしまいますが、劇中では延々と撃ち続け、結果ドタバタのアクションが展開されます。これは「香の100tハンマー」と同じ『シティーハンター』のギャグ部分です。『シティーハンター』はリアリティのあるバトルシーンとお約束のギャグシーンが融合した作品なので、「リアリティ」の部分、「はっちゃけたギャグやダイナミックなアクション」の部分双方を満遍なく盛り込みたかったのです。

　ドローン兵器に関しては、今作の肝になる近未来SF兵器なので、変に現実的な兵器としての制限（＝リアル）を並べ立てて矮小化するより、監督や脚本家さん、メカデザインさんのイメージを優先した方がよりダイナミックに、観客にショックを与えるものになると考え、敢えてほとんど手を加えていません。

2. テンポ

　軍事について正確に描写しようとするあまり、作品のテンポを阻害してしまうのも避けなくてはいけません。

　一例を挙げると、『GATE』での陸上自衛隊空挺部隊の

パラシュート降下シーン、空挺隊員は「降下手袋」という茶革製の丈夫なグローブを装着して降下します。現実には、降下後はそのグローブから通常使用している戦闘用グローブに着け替えて戦闘に臨むのですが、アニメの中であるカットから突然空挺隊員が緑色のグローブを着けていたら視聴者は「あれ？　塗りミスかな？」「こっちは空挺隊員だっけ？」と混乱してしまいます。だからといって、その理由をいちいち説明するために「グローブの着け替えシーン」を描写するのも無駄でしょう。

　よって『GATE』での空挺隊員は、あえて降下手袋のまま戦闘しています。視聴者に無用な混乱をさせないためにも、ある程度描写を省略して、リアリティよりもテンポを優先しています。

3. 対費用効果

　「そこまで作画の手間、お金を掛けて、それに見合っただけの効果があるか？」も重要なポイントだと思います。予算も時間も有限であり、無尽蔵に注ぎ込む事は出来ません。

　ミリタリー要素が30点〜40点のものを70点〜80点くらいまで引き上げることは比較的簡単に、ちょっとした監修や資料提供で出来ますが、90点近くなってくるとそこから91点92点…と上げていくのはかなりコスト―― 単純にお金の話だけでなく、作画に要する手間や綿密なすり合わせが必要になってきます。

　それを投資した結果、作品の中で莫大な効果が得られるのであればいいのですが、「一部のマニアは喜んだが、ほとんどの視聴者には伝わらなかった」では無駄になってしまいます。だからほどほどで良いというわけではなく、目指すのはもちろん100点ですが、商業作品である以上、「掛けたコストとそれに見合う面白さ」のバランスは重要だと思います。

　以上の三つで共通しているのは、「メインターゲットである、大多数の一般の視聴者の目線を忘れてはいけない」ということです。

　これはミリタリーに限りませんが、考証／監修者は「自分の得意領域において、完璧を求めるあまり近視眼的になってはいけない」と考えます。「アレはありえない、コレはリアルじゃない」と思考停止して切り捨てるのではなく、リアルからは外れていても、それにリアリティを持たせるアイデア――「ではこういう設定にしてみてはどうでしょう」「こういう台詞を一言入れるだけで世界観的にOKになりますよ」とアドバイスしたり設定を考案することこそが、考証／監修者に求められる最も重要なお仕事だと思っています。

ミリタリーユニフォーム・バイブル
MILITARY UNIFORM 3
Bible
軍装の世界
THE ILLUSTRATED GUIDE BOOK OF MILITARY UNIFORMS

「ミリタリーユニフォーム・バイブル3 軍装の世界」
2021年5月30日発行

著者	金子賢一
イラスト	大藤玲一郎
デザイン	村上千津子
編集	野地信吉
発行人	塩谷茂代
発行所	イカロス出版

〒162-8616 東京都新宿区市谷本村町2-3
　　　　［電話］　　販売部 03-3267-2766
　　　　　　　　　　編集部 03-3267-2868
　　　　［URL］　　https://www.ikaros.jp/
印刷所　図書印刷株式会社